建筑工人职业技能培训教材

混凝土工

（第二版）

住房和城乡建设部干部学院　主编

华中科技大学出版社

中国·武汉

图书在版编目(CIP)数据

混凝土工/住房和城乡建设部干部学院主编. —2 版. —武汉:华中科技大学出版社,2017.5
建筑工人职业技能培训教材. 建筑工程施工系列
ISBN 978-7-5680-2388-7

Ⅰ.①混… Ⅱ.①住… Ⅲ.①混凝土施工-技术培训-教材 Ⅳ.①TU755

中国版本图书馆 CIP 数据核字(2016)第 287322 号

混凝土工(第二版)　　　　　　　住房和城乡建设部干部学院　主编
Hunningtugong(Di-er Ban)

策划编辑:金　紫
责任编辑:叶向荣
封面设计:原色设计
责任校对:马燕红
责任监印:张贵君
出版发行:华中科技大学出版社(中国·武汉)　　　电话:(027)81321913
　　　　　武汉市东湖新技术开发区华工科技园　　　邮编:430223
录　　排:京赢环球(北京)传媒广告有限公司
印　　刷:武汉鑫昶文化有限公司
开　　本:880mm×1230mm　1/32
印　　张:6.75
字　　数:209 千字
版　　次:2017 年 5 月第 2 版第 1 次印刷
定　　价:19.80 元

编审委员会

内 容 提 要

　　本书依据《建筑工程施工职业技能标准》(JGJ/T 314—2016)的要求,结合在建筑工程中实际的操作应用,重点涵盖了混凝土工必须掌握的"基础理论知识""安全生产知识""现场施工操作技能知识"等。

　　本书主要内容包括混凝土工识图知识,混凝土施工机具、机械知识,混凝土用原材料知识,混凝土配合比知识,混凝土性能及检测试验知识,混凝土工程施工质量安全知识,混凝土搅拌、运输及施工准备,混凝土浇筑操作方法,混凝土结构浇筑操作。

　　本书可作为四级、五级混凝土工的技能培训教材,也可在上岗前安全培训,以及岗位操作和自学参考中应用。

前　　言

2016 年 3 月 5 日，"工匠精神"首次写入了国务院《政府工作报告》，这也对包括建设领域千千万万的产业工人在内的工匠，赋予了强烈的时代感，提出了更高的素质要求。建筑工人是工程建设领域的主力军，是工程质量安全的基本保障。加快培养大批高素质建筑业技术技能型人才和新型产业工人，对推动社会经济、行业技术发展都有着深远意义。

根据《住房城乡建设部关于加强建筑工人职业培训工作的指导意见》[建人〔2015〕43 号]、《住房城乡建设部办公厅关于建筑工人职业培训合格证有关事项的通知》[建办人〔2015〕34 号]等文件的要求，以及2016 年 10 月 1 日起正式实施的国家行业标准《建筑工程施工职业技能标准》(JGJ/T 314—2016)、《建筑装饰装修职业技能标准》(JGJ/T 315—2016)、《建筑工程安装职业技能标准》(JGJ/T 306—2016)(以下统称"职业技能标准")的具体规定，为做到"到 2020 年，实现全行业建筑工人全员培训、持证上岗"，更好地贯彻落实国家及行业主管部门相关文件精神和要求，全面做好建筑工人职业技能教育培训，由住房和城乡建设部干部学院及相关施工企业、培训单位等，组织了建设行业的专家学者、培训讲师、一线工程技术人员及具有丰富施工操作经验的工人和技师等，共同编写这套建筑工人职业技能培训教材。

本套丛书依据"职业技能标准"要求，以实现全面提高建设领域职工队伍整体素质，加快培养具有熟练操作技能的技术工人，尤其是加快提高建筑工人职业技能水平，保证建筑工程质量和安全，促进广大建筑工人就业为目标，以建筑工人必须掌握的"基础理论知识""安全生产知识""现场施工操作技能知识"等为核心进行编制，量身订制并打造了一套适合不同文化层次的技术工人和读者需求的技能培训教材。

本套丛书系统、全面、技术新、内容实用，文字通俗易懂，语言生动简洁，辅以大量直观的图表，非常适合不同层次水平、不同年龄的建筑工人在职业技能培训和实际施工操作中应用。

本套丛书按照"职业技能标准"划分为"建筑工程施工""建筑装饰装修""建筑工程安装"3大系列,并配以《建筑工人安全操作知识读本》,共22个分册。

(1)"建筑工程施工"系列包括《钢筋工》《砌筑工》《防水工》《抹灰工》《混凝土工》《木工》《油漆工》《架子工》和《测量放线工》9个分册,与《建筑工程施工职业技能标准》(JGJ/T 314—2016)划分的建筑施工工种相对应。

(2)"建筑装饰装修"系列包括《镶贴工》《装饰装修木工》《金属工》《涂裱工》《幕墙制作工》和《幕墙安装工》6个分册,与《建筑装饰装修职业技能标准》(JGJ/T 315—2016)划分的装饰装修工种相对应。

(3)"建筑工程安装"系列包括《电焊工》《电气设备安装调试工》《安装钳工》《安装起重工》《管道工》《通风工》6个分册,与《建筑工程安装职业技能标准》(JGJ/T 306—2016)划分的建筑安装工种相对应。

由于时间限制,以及编者水平有限,本书难免有疏漏之处,欢迎广大读者批评指正,以便本丛书再版时修订。

编 者

2017 年 2 月 北京

目 录

下篇　混凝土工岗位操作技能

导　言

依据《建筑工程施工职业技能标准》(JGJ/T 314—2016)规定,建筑装饰装修职业技能等级由低到高分为职业技能五级、职业技能四级、职业技能三级、职业技能二级和职业技能一级,分别对应"初级工""中级工""高级工""技师"和"高级技师"。

按照建筑工人职业技能培训考核规定,在取得本职业职业技能五级证书后方可申报考核四级证书,结合建筑装饰装修现场施工的实际情况以及建筑工人文化水平层次不同、技能水平差异等,本书重点涵盖了职业技能五级(初级工)、职业技能四级(中级工)和职业技能三级(高级工,安全及现场操作技能部分)应掌握的知识内容,以更好地适合职业培训需要,也可作为建筑工人现场施工应用的技术手册。

1.四级、五级混凝土工职业技能模块划分及要求

(1)职业技能模块划分。

"职业技能标准"中,把职业技能分为安全生产知识、理论知识、操作技能三个模块,分别包括下列内容。

1)安全生产知识:安全基础知识、施工现场安全操作知识两部分内容。

2)理论知识:基础知识、专业知识和相关知识三部分内容。

3)操作技能:基本操作技能、工具设备的使用与维护、创新和指导三部分内容。

(2)职业技能基本要求。

1)职业技能五级:能运用基本技能独立完成本职业的常规工作;能识别常见的建筑工程施工材料;能操作简单的机械设备并进行例行保养。

2)职业技能四级:能熟练运用基本技能独立完成本职业的常规工作;能运用专门技能独立或与他人合作完成技术较为复杂的工作;能区分常见的建筑工程施工材料;能操作常用的机械设备并进行一般的维修。

2.五级混凝土工职业要求和职业技能

(1)五级混凝土工职业要求,见表0-1。

表 0-1 职业技能五级混凝土工职业要求

项次	分类	专业知识
1	安全生产知识	(1)掌握工器具的安全使用方法; (2)熟悉劳动防护用品的功用; (3)了解安全生产基本法律法规
2	理论知识	(4)熟悉砂石的种类、质量要求和保管方法; (5)熟悉常用工具、量具名称,了解其功能和用途; (6)熟悉安全生产基本常识及常见安全生产防护设施的功用; (7)了解建筑识图中常见的名称、图例和代号; (8)了解房屋的建筑组成,以及相关部位所起的作用和要求; (9)了解混凝土拌和物工作性能的基本要求,以及混凝土拌和物坍落度的测试方法; (10)了解一般钢筋混凝土基础、墙、柱、梁、板的混凝土浇筑和操作要点; (11)了解混凝土配合比及性能和养护的基本知识; (12)了解钢筋保护层的作用,以及钢筋保护层厚度的规定
3	操作技能	(13)会操作使用插入式和平板式振动器,并能做简单的维护保养; (14)会在师傅的指导下浇捣一般的钢筋混凝土基础、梁、柱、板和楼梯等建筑结构部位; (15)会按柱、梁和板等结构混凝土中钢筋保护层的要求正确放置各类保护层垫块; (16)会进行混凝土拌和物坍落度的测试; (17)会按要求修复钢筋骨架在混凝土浇捣成型过程中的变形和损坏,并对混凝土表面的麻面、蜂窝进行修补; (18)会使用劳动防护用品进行必要的劳动防护

(2)五级混凝土工职业技能,见表0-2。

表 0-2   职业技能五级混凝土工技能要求

项次	项 目	范 围	内 容
安全生产知识	安全基础知识	法规与安全常识	(1)安全生产的基本法规及安全常识
	施工现场安全操作知识	安全生产	(2)劳动防护用品、工器具的正确使用
		操作流程	(3)安全生产操作规程
理论知识	基础知识	建筑识图	(4)建筑识图中的常见名称、图例和代号; (5)房屋构造的基本知识
		混凝土材料	(6)砂石的种类、质量要求和保管; (7)搅拌用水的基本要求
		房屋构造	(8)房屋建筑的组成和构造; (9)房屋主要部分的作用和要求
		建筑力学	(10)力与荷载的概念、力的三要素
	专业知识	混凝土	(11)混凝土强度等级的分类; (12)混凝土的一般养护方法; (13)混凝土拌和物工作性能的基本要求
		混凝土的浇筑	(14)混凝土的浇筑方法和一般规定; (15)一般钢筋混凝土基础、墙、柱、梁、板的浇筑和操作要点
		钢筋保护层	(16)钢筋保护层的规定
		质量标准	(17)施工质量验收规范
	相关知识	钢筋	(18)钢筋的规格和品种
操作技能	基本操作技能	混凝土拌和物	(19)坍落度测试
		保护层铺垫	(20)砂浆垫块的制作; (21)保护垫块的铺垫
		混凝土浇筑	(22)在师傅指导下进行一般钢筋混凝土基础、墙、柱、梁、板的浇筑
		质量标准	(23)施工质量验收的方法

续表

项次	项 目	范 围	内 容
操作技能	工具设备的使用与维护	基本工具	(24)煤铲; (25)铁抹子
		检测工具	(26)卷尺; (27)直尺
		机械设备	(28)插入式振动器; (29)平板式振动器

3.四级混凝土工职业要求和职业技能

(1)四级混凝土工职业要求,见表0-3。

表 0-3　　　　　　　　职业技能四级混凝土工职业要求

项次	分类	专业知识
1	安全生产知识	(1)掌握本工种安全生产操作规程; (2)熟悉安全生产基本常识及常见安全生产防护设施的功用; (3)了解安全生产基本法律法规
2	理论知识	(4)掌握混凝土搅拌、浇筑和振捣成型的操作步骤和方法; (5)掌握普通水泥的水化凝结过程和混凝土养护的方法和要求; (6)熟悉常用水泥的种类、强度等级和保管方法,以及砂石的性能和使用范围; (7)熟悉混凝土拌和物工作性能的基本要求,以及坍落度的测试方法; (8)熟悉混凝土施工的安全生产操作规程; (9)了解较复杂的基础、墙、柱、梁、板的混凝土浇筑和操作要点; (10)了解建筑识图的基本方法; (11)了解单层工业厂房的组成,以及相关部位所起的作用和要求; (12)了解普通混凝土配合比和商品混凝土的基本知识; (13)了解主筋、架立筋、箍筋和分布筋等钢筋在混凝土结构中的作用
3	操作技能	(14)熟练操作使用各类振动器等施工机械,并能做简单的维护保养; (15)能够浇捣一般的钢筋混凝土基础、梁、柱、板和楼梯等建筑结构部位; (16)会按规范要求制作各种混凝土试件; (17)会按规定要求对混凝土进行养护; (18)会判断混凝土的工作性能; (19)会根据砂石含水率进行混凝土施工配合比的计算

(2)四级混凝土工职业技能,见表0-4。

表0-4　　　　　　　　职业技能四级混凝土工技能要求

项次	项目	范围	内容
安全生产知识	安全基础知识	法规与安全常识	(1)安全生产的基本法规及安全常识
	施工现场安全操作知识	安全操作	(2)安全生产操作规程
		文明施工	(3)工完料清,文明施工
理论知识	基础知识	建筑识图	(4)建筑工程图的内容; (5)投影的基本知识
		混凝土材料	(6)常用水泥的种类、强度等级和保管; (7)砂石的性能和使用范围
		房屋构造	(8)单层工业厂房的组成和构造; (9)基本构件的受力和传力分析
		建筑力学	(10)支座形式及支座反力; (11)构件受力的基本形式
	专业知识	砂石料	(12)砂石料质量标准
		混凝土	(13)混凝土拌制的一般要求和步骤; (14)混凝土试块的制作要求和方法
		混凝土的浇筑	(15)框架结构的浇筑和操作要点; (16)悬挑结构的浇筑和操作要点; (17)现浇桩基础施工的操作要点
		质量标准	(18)施工质量标准和验收规范
	相关知识	钢筋的作用	(19)钢筋在一般混凝土结构中的作用
操作技能	基本操作技能	施工配合比	(20)施工配合比的计算
		砂石料	(21)砂石料质量验收
		混凝土	(22)混凝土材料的配制和搅拌; (23)混凝土工作性能的判断
		混凝土浇筑	(24)一般钢筋混凝土基础、墙、柱、梁、板的浇筑
		质量标准	(25)施工质量验收的方法和操作

续表

项次	项　目	范　围	内　　容
操作技能	工具设备的使用与维护	基本工具	(26)磅秤； (27)手推车
		检测工具	(28)水平尺； (29)线锤
		机械设备	(30)搅拌机

　　本书根据"职业技能标准"中关于混凝土工职业技能五级(初级工)、职业技能四级(中级工)和职业技能三级(高级工,安全及现场操作技能部分)的职业要求和技能要求编写,理论知识以易懂够用为准绳,重点突出既能满足职业技能培训需要,也能满足现场施工实际操作应用,提高工人操作技能水平的作用,也可供职业技能二级、一级的人员(技师及高级技师)参考应用。

上篇

混凝土工岗位基础知识

第一章 混凝土工识图知识

第一节 建筑识图基本方法

一、施工图分类和作用

1. 施工图的产生

一项建筑工程项目从制订计划到最终建成，须经过一系列的环节，房屋的设计是其中一个重要环节。通过设计，最终形成施工图，作为指导房屋建设施工的依据。房屋的设计工作分为初步设计、施工图设计、技术设计三个阶段。对于大型、较为复杂的工程，设计时分三个阶段进行；一般工程的设计则常分初步设计和施工图设计两个阶段进行。

(1) 初步设计。

当确定建造一幢房屋后，设计人员根据建设单位的要求，通过调查研究、收集资料、反复综合构思，做出的方案图，即为初步设计。内容包括建筑物的各层平面布置、立面及剖面形式、主要尺寸及标高、设计说明和有关经济指标等。初步设计应报有关部门审批。对于重要的建筑工程，应多做几个方案，并绘制透视图，加上色彩，以便建设单位及有关部门进行比较和选择。

(2) 施工图设计。

在已批准的初步设计基础上，为满足施工的具体要求，分建筑、结构、采暖、给排水、电气等专业进行深入细致的设计，完成一套完整的反映建筑物整体及各细部构造、结构和设备的图样以及有关的技术资料，即为施工图设计，产生的全部图样称为施工图。

(3) 技术设计。

技术设计是对重大项目和特殊项目为进一步解决某些具体技术问题，或确定某些技术方案而进行的设计。具体地说，它是为进一步确定初步设计中所采用的工艺，解决建筑、结构上的主要技术问题，校正设备选择、建设规模及一些技术经济指标而对建设项目增加的一个设计阶段。有时可将技术设计阶段的一部分工作纳入初步设计阶段，称为扩大初步设计,简称"扩初",另一部分工作则留待施工图设计阶段进行。

2.建筑工程施工图的基本要求及分类

(1)建筑工程施工图的基本要求。

建筑工程施工图是一种能够准确表达建筑物的外形轮廓、大小尺寸、结构形式、构造方法和材料做法的图样,是沟通设计和施工的桥梁。施工图是设计单位最终的"技术产品",施工图设计的最终文件应满足四项要求。

1)能据以编制施工图预算;

2)能据以安排材料、设备订货和非标准设备的制作;

3)能据以进行施工和安装;

4)能据以进行工程验收。施工图是进行建筑施工的依据,设计单位对建设项目建成后的质量及效果,负有相应的技术与法律责任。

因此,常说"必须按图施工"。即使是在建筑物竣工投入使用后,施工图也是对该建筑进行维护、修缮、更新、改建、扩建的基础资料。特别是一旦发生质量或使用事故,施工图则是判断技术与法律责任的主要依据。

(2)施工图的分类。

施工图纸一般按专业进行分类,分为建筑、结构、设备(给排水、采暖通风、电气)等几类,分别简称为"建施""结施""设施"("水施""暖施""电施")。每一种图纸又分基本图和详图两部分。基本图表明全局性的内容,详图表明某一局部或某一构件的详细尺寸和材料、做法等。

1)建筑施工图:主要说明建筑物的总体布局、外部造型、内部布置、细部构造、装饰装修和施工要求等,其图纸主要包括总平面图、建筑平面图、建筑立面图、建筑剖面图、建筑详图等。

2)结构施工图:主要说明建筑的结构设计内容,包括结构构造类型、结构的平面布置、构件的形状、大小、材料要求等,其图纸主要有结构平面布置图、构件详图等。

3)设备施工图:包括给水、排水、采暖通风、电气照明等各种施工图,主要有平面布置图、系统图等。

3.施工图的编排顺序

一套建筑施工图往往有几十张,甚至几百张,为了便于看图,便于查找,应当把这些图纸按顺序编排。

建筑施工图的一般编排顺序是图纸目录、施工总说明、建筑施工图等。

各专业的施工图,应按图纸内容的主次关系进行排列。例如:基本图在前,详图在后;布置图在前,构件图在后;先施工工程的图在前,后施工工程的图在后等。

表1-1为某施工图图纸目录,它是按照图纸的编排顺序将图纸统一编号,通常放在全套图纸的最前面。

表 1-1　　　　　　　　　×××工程施工图目录

序　号	图　号	图　名	备　注
1	总施-1	工程设计总说明	
2	总施-2	总平面图	
3	建施-1	首层平面图	
4	建施-2	二层平面图	
······			
13	结施-1	基础平面图	
14	结施-2	基础详图	
······			
21	水施-1	首层给排水平面图	
······			
28	暖施-1	首层采暖平面图	
······			
30	电施-1	首层电气平面图	
31	电施-2	二层电气平面图	
······			

二、阅读施工图的基本方法

1.读图应具备的基本知识

施工图是根据投影原理,用图纸来表明房屋建筑的设计和构造做法的。因此,要看懂施工图的内容,必须具备以下基本知识。

(1)应熟练掌握投影原理和建筑形体的各种表示方法;

(2)熟悉房屋建筑的基本构造;

(3)熟悉施工图中常用图例、符号、线型、尺寸和比例等的意义和有关国家标准的规定。

2.阅读施工图的基本方法与步骤

要准确、快速地阅读施工图纸,除了要具备上面所说的基本知识外,还需掌握一定的方法和步骤。图纸的阅读可分三步进行。

(1)第一步:按图纸编排顺序阅读。

通过对建筑的地点、建筑类型、建筑面积、层数等的了解,对该工程有一个初步的了解;

再看图纸目录,检查各类图纸是否齐全;了解所采用的标准图集的编号及编制单位,将图集准备齐全,以备查看;

然后按照图纸编排顺序,即建筑、结构、水、暖、电的顺序对工程图纸逐一进行阅读,以便对工程有一个概括、全面的了解。

(2)第二步:按工序先后,相关图纸对照读。

先从基础看起,根据基础了解基坑的深度,基础的选型、尺寸、轴线位置等,另外还应结合地质勘探图,了解土质情况,以便施工中核对土质构造,保证施工质量;然后按照基础→结构→建筑的顺序,并结合设备施工程序进行阅读。

(3)第三步:按工种分别细读。

由于施工过程中需要不同的工种完成不同的施工任务,所以为了全面准确地指导施工,考虑各工种的衔接以及保障工程质量和安全作业等的措施,还应根据各工种的施工工序和技术要求将图纸进一步分别细读。例如砌筑工序要了解墙厚、墙高、门窗洞口尺寸、窗口是否有窗套或装饰线等;钢筋工序则应注意凡是有钢筋的图纸,都要细看,这样才能配料和绑扎。

总之,施工图阅读总原则是,从大到小、从外到里、从整体到局部,有关图纸对照阅读,并注意阅读各类文字说明。看图时应将理论与实践相结合,联系生产实践,不断反复阅读,才能尽快地掌握方法,全面指导施工。

第二节 混凝土工识图要点

混凝土结构施工图表示房屋的各承重构件(如基础、梁、板、柱)等的布置、形状、大小、材料、构造及相互关系,也是建筑施工的技术依据。结构施工图一般包括结构平面布置图(如基础平面图、楼层平面图、屋顶结构平面图)、结构构件详图(梁、板、柱及基础结构详图)及结构设计说明书。

一、基础图识读

基础图包括基础平面图和基础详图。基础平面图只表明基础的平面布置,而基础详图是基础的垂直断面图(剖面图),如图1-1所示,用来表明基础的细部形状、大小、材料、构造及埋置深度等。

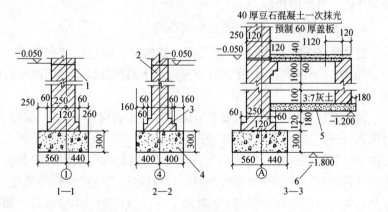

图 1-1 条形基础剖面图
1—防潮层;2—砖基础;3—大放脚;4—混凝土垫层;
5—灰土;6—基础埋深标高

1.阅读基础平面图应注意了解的内容

(1)轴线编号、尺寸,它必须与建筑平面图完全一致。

(2)了解基础轮廓线尺寸及与轴线的关系。为独立基础时,应注意基础和基础梁的编号。

(3)了解预留沟槽、孔洞的位置及尺寸。有设备基础时,还应了解其位置、尺寸。

通过了解剖切线的位置。掌握基础变化的连续性。

2.阅读基础详图时应了解的基本内容

(1)基础的具体尺寸(即断面尺寸)、构造做法和所用的材料。

(2)基底标高、垫层的做法、防潮层的位置及做法。

(3)预留沟槽、孔洞的标高、断面尺寸及位置等。

结构设计说明书应说明主要设计依据,如地基承载力、地震设防烈度、构造柱和圈梁的设计变化、材料的标号、预制构件统计表及施工要求等。

二、楼层结构平面布置图及剖面图

楼层结构的类型很多,常见的分为预制楼层、现浇楼层以及现浇和预制各占一部分的楼层。

1.预制楼层结构平面布置图和剖面图

它主要作为安装预制梁、板用图。其内容一般包括结构平面布置图、剖面图、构件用量等。阅读时应与建筑平面图及墙身剖面图配合阅读,如图1-2所示。

预制楼层结构平面图主要表示楼层各种预制构件的名称、编号、相对位置、定位尺寸及其与墙体的关系等。如图1-3中虚线表示不可见的构件、墙或梁的轮廓线,此房屋为砖墙承重、钢筋混凝土梁板的混合结构,除楼梯间外,各房间的板均为预制空心板,从图中可知板的类型、尺寸及数量。所用楼板为三种,分别为 YB541、YB331、CB331,数量如图所示,代号为甲的房间所用楼板为 4YB331。二、三层楼板的结构标高为 3.350m 和 6.650m。另外,给出的1—1、2—2、3—3 剖面图表明了梁、板、墙、圈梁之间的关系。

2.现浇楼层结构平面布置图及剖面图

主要作现场支模板、浇筑混凝土制作梁板等用。其内容包括平面

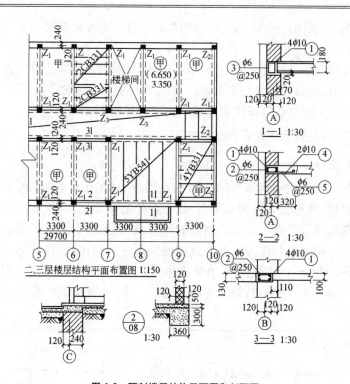

图 1-2　预制楼层结构平面图和剖面图

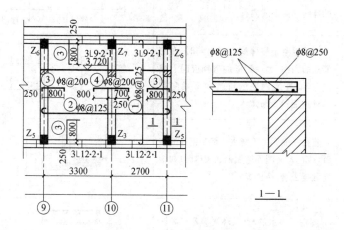

图 1-3　现浇楼层结构平面图

布置图、剖面图、钢筋表等。阅读图样时同样应与相应的建筑平面图及墙身剖面图配合阅读。

现浇楼层结构平面图主要标注轴线号、轴线尺寸、梁的位置和编号、板的厚度和标高及配筋情况。如图 1-3 所示,现浇板的上皮标高为 3.720m,主筋为双向布置 $\phi8@125$,构造分布筋为 $\phi8@200$。

三、钢筋图示方法及尺寸标注

1.图示方法

为了突出表示钢筋的配置情况,在构件结构图中,把钢筋画成粗实线,构件的外形轮廓线画成细实线,在构件的断面图中,钢筋的截面则画成粗圆点。另外还要标注钢筋的编号,同类型的钢筋可采用同一钢筋编号。编号的标注方法是在该钢筋上画一条引出线,在其另一端画一直径为 6mm 的细线圆圈,在圆圈内写上钢筋的编号。然后在引出线的水平部分上标注钢筋的尺寸,见图 1-4。表 1-2 列出了钢筋的画法。

表 1-2   钢筋的画法

序 号	说 明	图 例
1	在结构平面图中配置双层钢筋时,底层钢筋的弯钩应向上或向左,顶层钢筋的弯钩则向下或向右	(底层) (顶层)
2	钢筋混凝土墙体配双层钢筋时,在配筋立面图中,远面钢筋的弯钩应向上或向左,而近面钢筋的弯钩向下或向右(JM 近面;YM 远面)	JM YM JM
3	若在断面图中不能表达清楚钢筋的布置,应在断面图外增加钢筋大样图(如钢筋混凝土墙、楼梯等)	
4	图中所表示的箍筋、环筋等若布置复杂,可加画钢筋大样并添加说明	或

续表

序号	说　　明	图　　例
5	每组相同的钢筋、箍筋或环筋，可用一根粗实线表示，同时用带斜短划线的横穿细线标示两端，表示其余钢筋及起止范围	

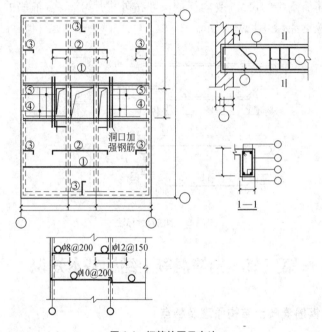

图 1-4　钢筋的图示方法

2.尺寸标注

钢筋的直径、数量或相邻钢筋中心距一般采用引出线方式标注，其尺寸标注有下面两种形式。

（1）标注钢筋的根数和直径，如梁内受力筋和架立筋。

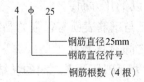

(2)标注钢筋的直径和相邻钢筋中心距,如梁、柱内箍筋和板内钢筋。

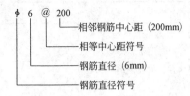

相邻钢筋中心距 (200mm)

相等中心距符号

钢筋直径 (6mm)

钢筋直径符号

钢筋简图中的尺寸,受力筋的尺寸按外皮尺寸标注,箍筋的尺寸按内包尺寸标注,如图 1-5 所示。

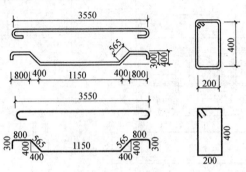

图 1-5　钢筋尺寸标注

第三节　钢筋混凝土结构基本知识

一、钢筋混凝土结构原理及特点

钢筋混凝土结构是指用配有钢筋增强的混凝土制成的建筑物结构。钢筋承受拉力,混凝土承受压力。具有坚固、耐久、防火性能好、比钢结构节省钢材和成本低等优点。

1. 钢筋混凝土的结构原理

钢筋和混凝土是两种物理、力学性质完全不同的材料,能够组合在一起工作的主要原因有以下几方面。

(1)硬化后的混凝土与钢筋表面有很强的黏结力。

(2)钢筋与混凝土之间有比较接近的线膨胀系数,当温度变化时,不致产生较大的温度应力而破坏两者之间的黏结。

(3)钢筋被包裹在混凝土中间,混凝土本身对钢筋无锈蚀作用,混凝土又能很好地保护钢筋,使其免受外界的侵蚀。从而保证了钢筋混凝土构件的耐久性。

2.钢筋混凝土结构的特点及应用范围

(1)优点。强度高,耐久性好,耐火性好,具有可模性,就地取材,降低工程造价。

(2)缺点。自重大,费材、费工、费时,抗震、抗裂性较差,一旦损坏修复困难,施工时受季节影响较大。

(3)应用范围。由于钢筋混凝土结构具有很多优点,因此它已成为现代最主要的、应用最为普遍的结构形式之一,如一般民用建筑、公共建筑、工业厂房、市政工程、水利工程、特种结构以及桥梁工程等。

二、钢筋混凝土结构类型

1.钢筋混凝土框架结构

该结构是由混凝土梁和柱组成主要承重结构的体系。其优点是建筑平面布置灵活,可形成较大的空间,在公共建筑中应用较多。

框架有现浇和预制之分,现浇框架多用组合式定型钢模现场进行浇筑。为了加快施工进度,梁、柱模板可预先整体组装然后进行安装。预制装配式框架多由工厂预制,用塔式起重机(轨道式或爬升式)或自行式起重机(履带式、汽车式)进行安装。装配式柱子的接头,有榫式、插入式、浆锚式等,接头要能传递轴力、弯矩和剪力。柱与梁的接头,有明牛腿式、暗牛腿式、齿槽式、整浇式等。可做成刚接(承受剪力和弯矩),也可做成铰接(只承受垂直剪力)。装配式框架接头钢筋的焊接非常重要,要控制焊接变形和焊接应力。但框架结构属于柔性结构,其抵抗水平荷载的能力较弱,而且抗震性能差,因此其高度不宜过高,一般不宜超过60m,且房屋高度与宽度之比不宜超过5。混凝土框架结构见图1-6(a)。

2.混凝土剪力墙结构

该结构是利用建筑物的内墙和外墙构成剪力墙来抵抗水平力。这类结构开间小,墙体多,变化少,适于居住建筑和旅馆建筑。剪力墙一般为钢筋混凝土墙,厚度不小于14cm。剪力墙结构可以采用大模板或

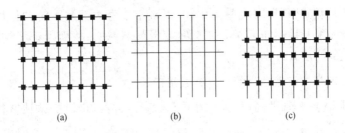

图 1-6 钢筋混凝土常规三大结构

(a)框架结构;(b)剪力墙结构;(c)框架-剪力墙结构

滑升模板进行浇筑。这种体系的侧向刚度大,可以承受很大的水平荷载,也可承受很大的竖向荷载,但其主要荷载为水平荷载,高度不宜超过 150m。混凝土剪力墙结构见图 1-6(b)。

3. 混凝土框架-剪力墙结构

剪力墙结构侧向刚度大,抵抗水平荷载的能力较大,但建筑布置不灵活,难以形成较大的空间;框架结构的建筑布置灵活,可形成大空间,但侧向刚度较差,抵抗水平荷载的能力较小。基于以上两种情况,将两者结合起来,取长补短,在框架的某些柱间布置剪力墙,与框架共同工作,这样就得到了一种承受水平荷载能力较大,建筑布置又较灵活的结构体系,即框架-剪力墙结构。在这种结构体系中,剪力墙可以是预制钢筋混凝土墙板,也可以是现浇钢筋混凝土墙板,还可以是钢桁架结构。这种结构的房屋高度一般不宜超过 120m,房的高宽比一般不宜超过 5。一般情况下,剪力墙如为现浇钢筋混凝土墙板,多用大模板或组合式钢模进行现场浇筑,框架部分以用组合式钢模板进行现场浇筑为宜。混凝土框架-剪力墙结构见图 1-6(c)。

4. 混凝土板柱结构

混凝土板柱结构是由混凝土柱和大型楼板构成主要承重结构的体系。通常可采用升板法施工,即先吊装柱,再浇筑室内地坪,然后以地坪为胎膜就地叠浇各层楼板和屋面板,待混凝土达到一定强度后,再在柱上安设提升机,以柱作为支承和导杆,当提升机不断沿着柱向上爬升时,即可通过吊杆将屋面板和各层楼板逐一交替地提升到设计标高,并加以固定。钢筋混凝土板柱结构见图 1-7。

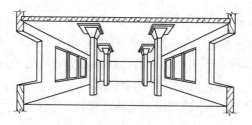

图 1-7　钢筋混凝土板柱结构

5.钢筋混凝土筒体结构

该结构是由一个或几个筒体作为承重结构的高层建筑结构体系。水平荷载主要由筒体承受,具有很好的空间刚度和抗震能力。该体系还可分为核心筒体系(或称内筒体系)、框筒体系、筒中筒体系和成束筒体系。核心筒的内筒多为现浇的钢筋混凝土墙板结构,如高度很大用滑升模板施工较为适宜;筒中筒结构体系,如为钢筋混凝土结构,建筑高度很大,用滑升模板施工是较好的施工方法。这种结构体系,建筑布置灵活,单位面积的结构材料消耗量少,是目前超高层建筑的主要采用的结构体系之一。筒体结构见图 1-8。

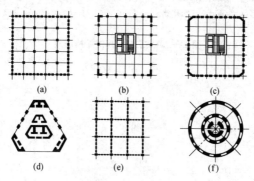

图 1-8　筒体结构

(a)框筒;(b)筒体-框架;(c)筒中筒;(d)多筒体;(e)成束筒;(f)多重筒

6.混凝土大跨度结构

跨度较大的混凝土结构,如桥梁、高大空间建筑等,一般采用预应力混凝土结构形式。

7.混凝土单层厂房结构

混凝土单层工业厂房结构组成见图1-9。

(1)排架结构。厂房中除了基础是在现场浇筑之外,柱、吊车梁、连系梁、屋架及屋面系统等都采用预制装配。

(2)刚架结构。梁、柱均采用整体现浇。

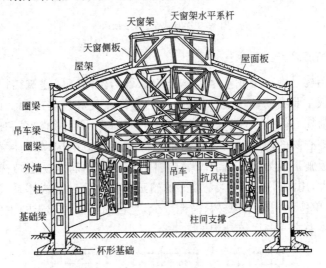

图 1-9 单层工业厂房的结构组成

第二章　混凝土施工机具、机械知识

第一节　混凝土搅拌与运输机具

一、混凝土搅拌机械

1.锥形反转出料混凝土搅拌机

(1)特点及用途。

锥形反转出料混凝土搅拌机的搅拌筒轴线始终保持水平位置,筒内设有交叉布置的搅拌叶片,在出料端设有一对螺旋形出料叶片,正转搅拌时,一方面物料被叶片提升、落下,另一方面强迫物料做轴向蹿动,搅拌运动比较强烈。反转时由出料叶片将拌和料卸出。这种结构适用于搅拌塑性较高的普通混凝土和半干硬性混凝土,见图 2-1。

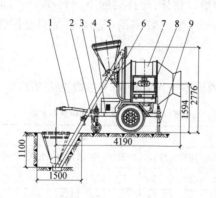

图 2-1　锥形反转出料搅拌机结构外形
1—牵引架;2—前支轮;3—上料架;4—底盘;5—料斗;
6—中间料斗;7—拌筒;8—电气箱;9—支腿

(2)基本参数。

锥形反转出料混凝土搅拌机基本参数见表 2-1。

表 2-1 　　　　　　　　锥形反转出料混凝土搅拌机基本参数

基本参数	型　号					
	JZ150	JZ200	JZ250	JZ350	JZ500	JZ750
出料容量/L	150	200	250	350	500	750
进料容量/L	240	320	400	560	800	1200
搅拌额定功率/kW	3	4	4	5.5	10	15
每小时工作循环次数(不少于)	30	30	30	30	30	30
骨料最大粒径/mm	60	60	60	60	80	80

2. 锥形倾翻出料混凝土搅拌机

(1)特点及用途。

锥形倾翻出料混凝土搅拌机的进、出料为一个口,搅拌时锥形搅拌筒轴线具有 15°仰角,出料时搅拌筒向下旋转 50°～60°俯角。这种搅拌机卸料方便,速度快,生产效率高,适用于混凝土搅拌站(楼)作主机使用。

(2)基本参数。

锥形倾翻出料混凝土搅拌机基本参数见表 2-2。

表 2-2 　　　　　　　　锥形倾翻出料混凝土搅拌机基本参数

基本参数	型　号									
	JF50	JF100	JF150	JF250	JF350	JF500	JF750	JF1000	JF1500	JF3000
出料容量/L	50	100	150	250	350	500	750	1000	1500	3000
进料容量/L	80	160	240	400	560	800	1200	1600	2400	4800
搅拌额定功率/kW	1.5	2.2	3	4	5.5	7.5	11	15	20	40
每小时工作循环次数(不少于)	30	30	30	30	30	30	30	25	25	20
骨料最大粒径/mm	40	60	60	60	80	80	120	120	150	250

3.立轴强制式混凝土搅拌机

（1）特点及用途。

立轴强制式混凝土搅拌机是靠搅拌筒内的涡浆式叶片的旋转将物料挤压、翻转、抛出而进行强制搅拌的，具有搅拌均匀，时间短，密封性好等优点，适用于搅拌干硬性混凝土和轻质混凝土，见图 2-2。

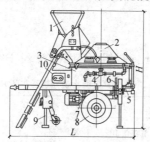

图 2-2　立轴强制式(涡浆式)搅拌机结构外形

1—进料装置；2—上罩；3—搅拌筒；4—水表；5—出料口；6—操纵手柄；

7—传动装置；8—行走轮；9—支腿；10—电气工具箱

（2）基本参数。

立轴强制式搅拌机基本参数见表 2-3。

表 2-3　　　　　　　　　立轴强制式搅拌机基本参数

基 本 参 数	型　　　号									
	JW50	JW100	JW150	JW200	JW250	JW350	JW500	JW750	JW1000	JW1500
出料容量/L	50	100	150	200	250	350	500	750	1000	1500
进料容量/L	80	160	240	320	400	560	800	1200	1600	2400
搅拌额定功率/kW	4	7.5	10	13	15	17	30	40	55	80
每小时工作循环次数(不少于)	50	50	50	50	50	50	50	45	45	45
骨料最大粒径/mm	40	40	40	40	40	40	60	60	60	80

4.卧轴强制式混凝土搅拌机

(1)特点及用途。

卧轴强制式混凝土搅拌机分单卧轴和双卧轴两种。它兼有自落式和强制式的优点,即搅拌质量好,生产效率高,耗能少,能搅拌干硬性、塑性、轻骨料等混凝土以及各种砂浆、灰浆和硅酸盐等混合物,是一种多功能的搅拌机械。

(2)基本参数。

单、双卧轴式混凝土搅拌机基本参数见表2-4。

表2-4 单、双卧轴式混凝土搅拌机基本参数

基本参数	型 号										
	JD50	JD100	JD150	JD200	JD250	JD850、J350	JD500、JS500	JD750、JS750	JD1000、JS1000	JD1500、JS1500	JD8000、JS3000
出料容量/L	50	100	150	200	250	350	500	750	1000	1500	3000
进料容量/L	80	160	240	320	400	560	800	1200	1600	2400	4800
搅拌额定功率/kW	2.2	4	5.5	7.5	10	15	17	22	33	44	95
每小时工作循环次数(不小于)	50	50	50	50	50	50	50	45	45	45	40
骨料最大粒径/mm	40	40	40	40	40	40	60	60	60	80	120

二、混凝土运输机械

1.手推车

手推车是施工工地上普遍使用的水平运输工具,手推车具有小巧、轻便等特点,不但适用于一般的地面水平运输,还能在脚手架、施工栈道上使用;也可与塔式起重机、井架等配合使用,进行垂直运输。

2.机动翻斗车

采用柴油机装配而成的翻斗车,功率7355kW,最大行驶速度达35km/h。车前装有容量为400L、载重为1000kg的翻斗。具有轻便灵活、结构简单、转弯半径小、速度快、能自动卸料、操作维护简便等特点。适用于短距离水平运输混凝土以及砂、石等散装材料,见图2-3。

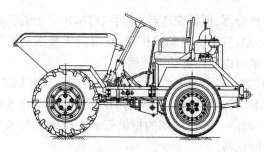

图 2-3　机动翻斗车

3.混凝土搅拌输送车

混凝土搅拌输送车是一种用于长距离输送混凝土的高效能机械，它是将运送混凝土的搅拌筒安装在汽车底盘上，而将混凝土搅拌站生产的混凝土拌和物灌装入搅拌筒内，直接运至施工现场，供浇筑作业。在运输途中，混凝土搅拌筒始终在不停地慢速转动，从而使筒内的混凝土拌和物可连续得到搅动，以保证混凝土通过长途运输后，仍不致产生离析现象。在运输距离很长时，也可将混凝土干料装入筒内，在运输途中加水搅拌，这样能减少由于长途运输而引起的混凝土坍落度损失。

（1）混凝土搅拌输送车的构造。

混凝土搅拌输送车是在载重汽车底盘上安装一套能慢速旋转的混凝土搅拌装置，其结构外形见图 2-4。

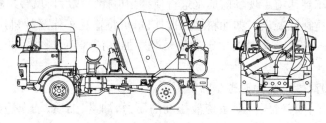

图 2-4　混凝土搅拌输送车结构外形

混凝土搅拌输送车除载重汽车底盘外，主要由传动系统、搅拌装置、供水系统、操作系统等组成。

1）传动系统。

①机械传动:发动机动力通过分动器输送到汽车底盘下的圆锥齿

轮箱,再通过离合器、搅拌变速器,最后通过单排滚子链驱动搅拌筒。

②液压传动:发动机驱动液压泵,输出液压油驱动液压电机,通过行星减速器,最后由链轮驱动搅拌筒。

2)搅拌装置。搅拌筒是梨形的,筒内设有两条互错180°的螺旋叶片,卸料口设有使卸料连续均匀的辅助叶片,筒口焊有进料圆筒,使进料顺利和防止撒落。筒体前端的枢轴安装在机架上的轴承座内,搅拌时正转,出料时反转。

3)供水系统。由水泵将水压入水箱,经水管通入搅拌筒和连接冲洗喷头,由三通阀控制,从水位标尺上显示加水量。

4)操纵系统。设有两套调速和控制搅拌变速器的联动手柄,可在车辆前后方和中部三个位置进行操纵。此外还有控制分动器和水泵的手柄。

(2)混凝土搅拌输送车的用途。

根据运距和材料供应情况的不同,搅拌输送车有以下用途。

1)湿料输送。在预拌工厂的搅拌机出料口下,输送车搅拌筒以进料速度运转进行加料后驶出。在运输途中,搅拌筒旋转使混凝土不断地慢速搅动。到达施工现场后,搅拌筒反转,卸出混凝土。

2)半干料输送。对尚未配足水的混凝土进行搅拌输送。

3)干料输送。把经过称量的砂、石子和水泥等干料装入搅拌筒内,在输送车到达施工现场前加水进行搅拌。搅拌完成后再反转出料。

4)搅拌混凝土。如配料站无搅拌机,可将输送车作搅拌机用,把经过称量的各种混合料按一定的加料顺序加入搅拌筒,搅拌后再送至施工现场。

(3)混凝土搅拌输送车的使用要点。

1)搅拌车液压传动系统液压油的压力、油量、油质、油温应达到规定要求,无渗漏现象。

2)搅拌车在露天停放时,装料前应先将搅拌筒反转,使筒内的积水和杂物排出。

3)搅拌车在公路上行驶时,接长卸料槽必须翻转后固定在卸料槽上,再转至与车身垂直部位,用销轴与机架固定,防止由于不固定而引起摆动,打伤行人或影响车辆运行。

4)搅拌车通过桥、洞、库等设施时,应注意通过高度及宽度,以免发生碰撞事故。

5)搅拌车运送混凝土的时间不得超过搅拌站规定的时间。若中途发现水分蒸发,可适当加水,以保证混凝土质量,且搅拌装置连续运转时间不应超过 8h。

6)运送混凝土途中,搅拌筒不得停转,以防混凝土产生初凝及离析现象。

7)搅拌筒由正转变为反转时,必须先将操纵手柄放至中间位置,待搅拌筒停转后,再将操纵手柄放至反转位置。

8)水箱的水量要经常保持装满,以防急用,冬季停车时,要将水箱和供水系统的水放净。

9)装料前,最好先向筒内加少量水,使进料流畅,并防止粘料;搅拌运输时,装载混凝土的质量不能超过允许载重量。

10)用于搅拌混凝土时,必须在拌筒内先加入总水量 2/3 的水,然后再加入骨料和水泥进行搅拌。

(4)混凝土搅拌输送车的维护保养。

1)搅拌输送车发动前,应进行全面检查,确保各部件正常,连接牢固,操作灵活。

2)对液压泵、电机、阀等液压和气压原件,应按产品说明书要求进行保养。

3)及时检查并排除液压、气压、电气等系统管路的漏损及断电等现象。

4)定期检查搅拌叶片的磨损情况并及时修补。

5)经常检查各减速器是否有异响和漏油现象,并及时排除。

6)在对机械进行清洗、维护及换油时,必须先将发动机熄火停止运转。

7)下班之前,要清洗搅拌筒及车身表面,防止混凝土凝结在筒壁、叶片及车身上。

8)露天停放时,要盖好有关部位,以防生锈、失灵。

9)严格按照表 2-5 规定的部位及周期进行润滑,并保持加油处清洁。

表 2-5　　　　　　　　混凝土搅拌输送车润滑部位及周期表

润滑部位	润滑脂	润滑周期	润滑部位	润滑脂	润滑周期
斜槽销			万向节十字轴	钙基脂	50h
加长斗连接销		每班	托轴	ZG-1	200h
升降机构连接销	钙基脂 ZG-1		操纵软轴	齿轮油 HL-20	200h
操纵机构连接点					
斜槽销支承轴		50h	液压电机	—	1200h

注:汽车底盘部分按该型汽车的有关保养规定执行。

(5)混凝土搅拌输送车的故障排除。

混凝土搅拌输送车的常见故障及排除方法见表 2-6。

表 2-6　　　　　　　　混凝土搅拌输送车常见故障及排除方法

故　障	原　因	排 除 方 法
进料堵塞	(1)进料搅拌不匀,出现生料; (2)进料速度过快	(1)用工具捣通,同时加一些水; (2)控制进料速度
搅拌筒不能转动	(1)机械系统故障,局部卡死; (2)液压系统故障; (3)操纵系统失灵	检查并排除故障后,再启动
搅拌筒反转不出料	(1)料过干,含水量小; (2)叶片磨损严重	(1)加水搅拌; (2)修复或更换叶片
搅拌筒上、下跳动	(1)滚道和托轮磨损严重; (2)轴承座螺栓松动	(1)修复或更换; (2)拧紧螺栓
液压系统有噪声、油泵吸空,油生泡沫	(1)吸油滤清器堵塞; (2)进油管路渗漏	(1)更换滤清器; (2)检查并排除渗漏
油温过高	(1)空气滤清器堵塞; (2)液压油黏度太大	(1)清洗或更换滤清器; (2)更换液压油
液压系统压力不足,油量太少	(1)油箱内油量少; (2)油污使液压泵磨损; (3)滤清器失效	(1)添加至规定量; (2)清洗或更换; (3)清洗或更换

续表

故障	原　　因	排除方法
液压系统漏油	(1)元件磨损； (2)接头松动	(1)修复或更换； (2)拧紧接头管
操纵失灵	(1)液压油泵伺服阀磨损； (2)轮轴接头松动； (3)操纵机构连接接头松动	(1)修复或更换； (2)重新拧紧； (3)重新拧紧

第二节　混凝土施工机具

一、混凝土泵送机具

混凝土泵根据驱动方式主要有两类：柱塞泵（活塞泵）和挤压泵。柱塞泵根据传动机构不同，又分为机械传动和液压（水压或油压）传动两种。

1.液压柱塞式混凝土泵

(1)液压柱塞式混凝土泵的工作原理见图 2-5。

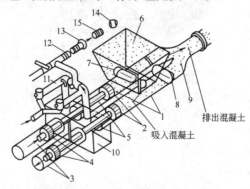

图 2-5　液压柱塞式混凝土泵工作原理图
1—混凝土缸；2—推压混凝土柱塞；3—液压缸；4—液压柱塞；5—柱塞杆；
6—料斗；7—控制吸入的水平分配阀；8—控制排出的竖向分配阀；
9—Y形输送管；10—水箱；11—水洗装置换向阀；12—水洗用高压软管；
13—水洗用法兰；14—海绵球；15—清洗活塞

(2)柱塞泵多用液压驱动,它主要由料斗、液压缸和柱塞、混凝土缸、分配阀、Y形输送管、冲洗设备、液压系统和动力系统等组成。

(3)柱塞式泵自动化程度较高,排出压力可达 5MPa($50kg/cm^2$),从而可使水平输送距离达到200～500m,垂直运距 50～100m,排量为30～60m³/h,混凝土中石子粒径可达50mm,坍落度为 5～23cm,混凝土缸的使用寿命为 50000m³,但是价格较贵,维修复杂。

2.挤压式混凝土泵

挤压泵构造简单,见图 2-6,使用寿命长,能逆运转,易于排除故障。管道内混凝土压力较小,输送距离较柱塞泵小。其水平运输距离一般为 200m,垂直距离为 50m,胶管的使用寿命为 2000m³,排量与转轴架转速成正比,转速可调,排量一般为 5～30m³/h。胶管内径一般为100mm,骨料应选用卵石,粒径应在 25mm 以下,坍落度为 8cm 以上。这种泵的优点是价格低,维修费用少,使用寿命长,工作平稳,噪声较低。

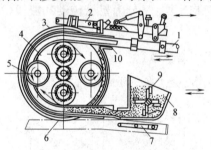

图 2-6 转子式双滚轮型挤压泵

1—输送管;2—缓冲架;3—橡胶衬垫;4—链条;
5—滚轮;6—挤压胶管;7—料斗移动油缸;8—料斗;
9—搅拌叶片;10—密封套

3.泵车

将液压活塞式混凝土泵固定安装在汽车底盘上,使用时开至需要施工的地点,进行混凝土泵送作业,称为混凝土汽车泵或移动泵车。一般情况下,此种泵车都附带装有全回转三段折叠臂架式的布料杆。整个泵车主要由混凝土推送机构、分配闸阀机构、料斗搅拌装置、悬臂布料装置、操作系统、清洗系统、传动系统、汽车底盘等部分组成,见图

2-7。这种泵车使用方便,适用范围广,它既可以利用在工地配置装接的管道将混凝土输送到较远、较高的浇筑部位,也可以发挥随车附带的布料杆的作用,把混凝土直接输送到需要浇筑的地点。

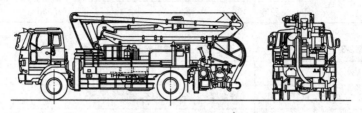

图 2-7 混凝土汽车泵

施工时,现场规划要合理布置混凝土泵车的安放位置。一般混凝土泵应尽量靠近浇筑地点,并要满足两台混凝土搅拌输送车能同时就位,使混凝土泵能不间断地得到混凝土供应,进行连续压送,以充分发挥混凝土泵的有效能力。

混凝土泵车的输送能力一般为 $80m^3/h$;在水平输送距离为 520m 和垂直输送高度为 110m 时,输送能力为 $30m^3/h$。

4. 泵送管道

泵送管道分为直管、臂架弯管和非臂架弯管,其规格见表 2-7,管道的用料及其性质见表 2-8,管道的管径与粗骨料规格的关系见表 2-9。

表 2-7 泵送混凝土管道及配件规格

类 别		单 位	规 格
直管	内径	mm	100、125、150、180
	长度	m	0.5、1.0、2.0、3.0
臂架弯管	内径	mm	100、125
	弯曲半径	mm	275
	弯曲角	(°)	30、45、90
非臂架弯管	内径	mm	同直管
	弯曲半径	m	1.0、2.0
	弯曲角	(°)	15、30、45、90
锥形管	直径	mm	150~180、125~150、100~125

续表

类　别		单　位	规　格
布料管	直径	mm	与主管相配
	长度	mm	约600

表 2-8　　　　　　　　　泵送混凝土管道用料及性质

材　料	说　明
低合金钢管	管壁厚 2~3mm,较轻,耐磨
钢管	管壁厚 2~4mm,较易采购,耐磨
铝合金管	较轻,与混凝土摩擦后生出氢气,混凝土强度下降,不宜使用
金属丝绕制橡胶管	不耐磨,只在临时管道或经常移动部位中使用

表 2-9　　　　　　　　泵送混凝土管道管径与粗骨料粒径的关系

粗骨料种类	管　径	说　明
碎石	粗骨料最大粒径的 4 倍	通常不小于 ϕ100mm
卵石	粗骨料最大粒径的 3.5 倍	通常不小于 ϕ100mm

5.布料设备

(1)混凝土泵车布料杆。

混凝土泵车布料杆,是在混凝土泵车上附装的既可伸缩也可曲折的混凝土布料装置。混凝土输送管道就设在布料杆内,末端是一段软管,用于混凝土浇筑时的布料工作。图 2-8 是一种三叠式布料杆的混凝土浇筑范围示意图。这种装置的布料范围广,在一般情况下不需再行配管。

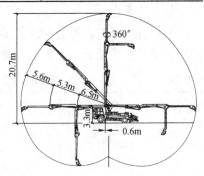

图 2-8　三折叠式布料杆浇筑范围

(2)独立式混凝土布料器。

独立式混凝土布料器(见图 2-9)是与混凝土泵配套工作的独立布料设备。在操作半径内,能比较灵活自如地浇筑混凝土。其工作半径一般为 10m 左右,最大的可达 40m。由于其自身较为轻便,能在施工楼层上灵活移动,所以,实际的浇筑范围较广,适用于高层建筑的楼层混凝土布料。

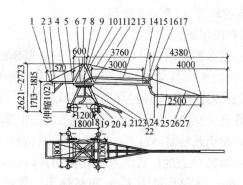

图 2-9　独立式混凝土布料器

1、7、8、15、16、27—卸甲轧头;2—平衡臂;3、11、26—钢丝绳;4—撑脚;
5、12—螺栓、螺母、垫圈;6—上转盘;9—中转盘;10—上角撑;13、25—输送管;
14—输送管轧头;17—夹子;18—底架;19—前后轮;20—高压管;21—下角撑;
22—前臂;23—下转盘;24—弯管

(3)固定式布料杆。

固定式布料杆又称塔式布料杆,可分为两种:附着式布料杆和内爬式布料杆。这两种布料杆除布料臂架外,其他部件如转台、回转支撑、回转机构、操作平台、爬梯、底架均采用批量生产的相应的塔吊部件,其顶升接高系统、楼层爬升系统也取自相应的附着式自升塔吊和内爬式塔吊。附着式布料杆和内爬式布料杆的塔架有两种不同结构,一种是钢管立柱塔架,另一种是格桁结构方形断面构架。布料臂架大多采用低合金高强钢组焊成薄壁箱形断面结构,一般由三节组成。薄壁泵送管则附装在箱形断面梁上,两节泵管之间用 90°弯管相连通。这种布料臂架的俯、仰、曲、伸悉由液压系统操纵。为了减小布料臂架负荷对塔架的压弯作用,布料杆多装有平衡臂并配有平衡重。

目前有些内爬式布料杆如 HG17～HG25 型,装用另一种布料臂架,臂架为轻量型钢格桁结构,由两节组成,泵管附装于此臂架上,采用绳轮变幅系统进行臂架的折叠和俯仰变幅。这种布料臂的最大工作幅度为 17～28m,最小工作幅度为 1～2m。

固定式布料杆装用的泵管有三种规格:$\phi100mm$、$\phi112mm$、$\phi125mm$,管壁厚一般为 6mm。布料臂架上的末端泵管的管端还都套装有 4m 长的橡胶软管,以有利于布料。

(4)起重布料两用机。

该机也称起重布料两用塔吊,多以重型塔吊为基础改制而成,主要用于造型复杂、混凝土浇筑量大的工程。布料系统可附装在特制的爬升套架上,也可安装在塔顶部经过加固改装的转台上。所谓特制爬升套架乃是带有悬挑支座的特制转台与普通爬升套架的集合体。布料系统及顶部塔身装设于此特制转台上。近年我国自行设计制造了一种布料系统装设在塔帽转台上的塔式起重布料两用机,其小车变幅水平臂架最大幅度为 56m 时,起重量为 1.3t,布料杆为三节式,液压屈伸、俯仰泵管臂架,其最大作业半径为 38m。

二、混凝土浇筑振捣机具

1. 插入式振动器

(1)构造:插入式振动器分为行星式、偏心式、软轴式、直联式等。利用振捣棒产生的振动波捣实混凝土,由于振捣棒直接插入混凝土内振捣,效率高,质量好。适用于大面积、大体积的混凝土基础和构件,如柱、梁、墙、板以及预制构件的捣实。其构造见图 2-10。

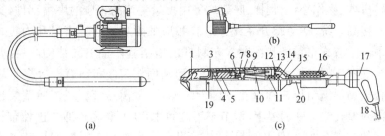

图 2-10　电动插入式振动器

(a)通用型;(b)小型式;(c)直联大型式

1—端塞;2—吸油嘴;3—油盆;4、13—轴承;5—偏心轴;6—油封座;7、11—油封;8—棒壳;

9—定子;10—转子;12—轴承座;14—接线盖;15—尾盖;16—减振器;17—手柄;

18—引出电缆;19—圆销钉;20—连接杆

(2)技术性能:插入式振动器主要技术性能,见表2-10。

表2-10 插入式(内部)振动器主要技术性能

类型	型号	振捣棒(器)					软轴软管		电动机	
		直径/mm	长度/mm	频率/(r/min)	振动力/kN	振幅/mm	软轴直径/mm	软管直径/mm	功率/kW	转速/(r/min)
电动软轴行星式	ZN25	26	370	15500	2.2	0.75	8	24	0.8	2850
	ZN35	36	422	13000~14000	2.5	0.8	10	30	0.8	2850
	ZN45	45	460	12000	3~4	1.2	10	30	1.1	2850
	ZN50	51	451	12000	5~6	1.15	13	36	1.1	2850
	ZN60	60	450	12000	7~8	1.2	13	36	1.5	2850
	ZN70	68	460	11000~12000	9~10	1.2	13	36	1.5	2850
电动软轴偏心式	ZPN18	18	250	17000	—	0.4	—	—	0.2	11000
	ZPN25	26	260	15000	—	0.5	8	30	0.8	15000
	ZPN35	36	240	14000	—	0.8	10	30	0.8	15000
	ZPN50	48	220	13000	—	1.1	10	30	0.8	15000
	ZPN70	71	400	6200	—	2.25	13	36	2.2	2850
电动直联式	ZDN80	80	436	11500	6.6	0.8	—	0.8	—	11500
	ZDN100	100	520	8500	13	1.6	—	1.5	—	8500
	ZDN130	130	520	8400	20	2	—	2.5	—	8400
风动偏心式	ZQ50	53	350	15000~18000	6	0.44	—	—		
	ZQ100	102	600	5500~6200	2	2.58	—	—		
	ZQ150	150	800	5000~6000		2.85	—	—		
内燃行星式	ZR35	36	425	14000	2.28	0.78	10	30	2.9	3000
	ZR50	51	452	12000	5.6	1.2	13	36	2.9	3000
	ZR70	68	480	12000~14000	9~10	1.8	13	36	2.9	3000

(3)插入式振动器使用要点。

1)插入式振动器在使用前,应检查各部件是否完好,各连接处是否紧固,电动机绝缘是否良好,电源电压和频率是否符合铭牌规定,检查合格后,方可接通电源进行试运转。

2)振动器的电动机旋转时,若软轴不转,振捣棒不起振,是因为电动机旋转方向不对,调换任意两相电源线即可;若软轴转动,振捣棒不起振,可摇晃棒头或将棒头磕地面,即可起振。当试运转正常后,方可投入作业。

3)作业时,要使振捣棒自然沉入混凝土,不可用力猛往下推。一般应垂直插入,并插到下层尚未初凝层中50~100mm,以促使上下层相互结合。

4)振捣时,要做到"快插慢拔"。"快插"是为了防止将表层混凝土先振实,和下层混凝土之间发生分层、离析现象;"慢拔"是为了使混凝土能来得及填满振捣棒抽出时所形成的空间。

5)振捣棒插入混凝土的位置应均匀排列,一般可采用"行列式"或"交叉式"移动,见图2-11,以防漏振。振捣棒每次移动距离不应大于其作用半径的1.5倍(一般为15cm左右)。

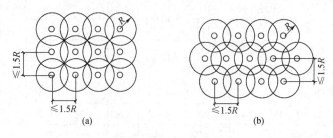

图 2-11　振捣棒插入及移动位置示意

(a)行列式;(b)交叉式

6)振捣棒在混凝土内振密的时间,一般在每个插点振密20~30s,见到混凝土不再显著下沉,不再出现气泡,表面泛出水泥浆和外观均匀为止。如振密时间过长,有效作用半径虽然能适当增加,但总的生产效率反而降低,而且还可能使振捣棒附近混凝土产生离析,这对塑性混凝土更为重要。此外,振捣棒下部振幅要比上部大,故在振密时,应将振捣棒上下抽动5~10cm,使混凝土振密均匀。

7)作业中要避免振捣棒触及钢筋、芯管及预埋件等,更不可采用通过振捣棒振动钢筋的方法来促使混凝土振密,否则就会因振动而使钢筋位置变动,还会降低钢筋和混凝土之间的黏结力,甚至会发生相互脱离,这对预应力钢筋影响更大。

8)作业时,振捣棒插入混凝土的深度不应超过棒长的 2/3～3/4。否则振捣棒将不易拔出而导致软管损坏;更不可将软管插入混凝土中,以防砂浆侵蚀及渗入软管而损坏机件。

9)振捣棒在使用中如温度过高,应即停机冷却检查,如机件故障,要及时进行修理。冬季低温下,振捣棒作业前,要采取缓慢加温,使棒体内的润滑油解冻后,方可作业。

2. 附着式振动器

附着式振动器是用螺栓紧固在模板上,当振动器固定在模板外侧,借助模板或其他物件将振动力传递到混凝土中,其振动作用深度为25cm。适用于振动钢筋较密、厚度较小及不宜使用插入式振动器的混凝土结构或构件。

(1)技术性能:附着式振动器主要技术性能见表 2-11。

表 2-11 附着式振动器主要技术性能

型 号	附着台面尺寸 (长×宽) /(mm×mm)	空载最大 激振力 /kN	空振振动 频率 /Hz	偏心力矩 /(N·cm)	电动机功率 /kW
ZF18-50(ZF1)	215×175	1.0	47.5	10	0.18
ZF55-50	600×400	5	50	—	0.55
ZF80-50(ZW-3)	336×195	6.3	47.5	70	0.8
ZF100-50(ZW-13)	700×500	—	50	—	1.1
ZF150-50(ZW-10)	600×400	5～10	50	50～100	1.5
ZF180-50	560×360	8～10	48.2	170	1.8
ZF220-50(ZW-20)	400×700	10～18	47.3	100～200	2.2
ZF300-50(YZF-3)	650×410	10～20	46.5	220	3

(2)附着式振动器使用要点。

1)外部振动器设计时不考虑轴承受轴向力,故在使用时,电动机轴应呈水平状态。

2)振动器作业前应进行检查和试运转,试运转时不可在干硬土或硬物体上运转,以免振动器振跳过甚而受损。安装在搅拌站(楼)料仓上的振动器应安置橡胶垫。

3)附着式振动器作业时,一般安装在混凝土模板上,每次振动时间不超过 1min;当混凝土在模内泛浆流动成水平状,即可停振。不可在混凝土初凝状态时再振;也不可使周围已初凝的混凝土受振动的影响,以保证质量。

4)在一个模板上同时用多台附着式振动器振动时,各振动器的频率必须保持一致;相对面的振动器应交叉安放。

5)附着式振动器安装在模板上的连接必须牢靠,作业过程中应随时注意防止由于振动而松动,应经常检查和紧固连接螺栓。

6)在水平混凝土表面进行振捣时,平板式振动器是利用电动机振动所产生的惯性水平分力自行移动的,操作者只要控制移动的方向即可。但必须注意作业时应使振动器的平板和混凝土表面保持接触。

7)平板振动器的平板和混凝土接触,使振波有效地传递给混凝土,使之振实至表面出浆,即可缓慢向前移动。移动方向应按电动机旋转方向自动地向前或向后,移动速度以能保证振密出浆为准。

8)在振的振动器不可放在已凝或初凝的混凝土上,以免振伤。

9)平板振动器作业时,应分层分段进行大面积的振动,移动时应有列有序,前排振捣一段落后可原排返回进行第二次振动或振动第二排,两排搭接以 5cm 为宜。

10)振动中移动的速度和次数,应根据混凝土的干硬程度及其浇筑厚度而定;振动的混凝土厚度不超过 20cm 时,振动两遍即可满足质量要求。第一遍横向振动使混凝土振实;第二遍纵向振捣,使表面平整。对于干硬性混凝土可视实际情况,必要时可酌情增加振捣遍数。

3.平板式振动器

平板式振动器安装在钢平板或木平板上,平板式振动器的振动力通过平板传递给混凝土,振动作用的深度较小。适用于面积大而平整的混凝土结构物,如平板、地面、屋面等构件。

(1)技术性能:平板式振动器主要技术性能见表 2-12。

表 2-12　　　　　　　　　　平板式振动器主要技术性能

型　号	振动平板尺寸 （长×宽） /(mm×mm)	空载最大 激振力/kN	空载振动 频率/Hz	偏心力矩 /(N·cm)	电动机 功率/kW
ZB55-50	780×468	5.5	47.5	55	0.55
ZB75-50(B-5)	500×400	3.1	47.5	50	0.75
ZB110-50(B-11)	700×400	4.3	48	65	1.1
ZB150-50(B-15)	400×600	9.5	50	85	1.5
ZB220-50(B-22)	800×500	9.8	47	100	2.2
ZB300-50(B-22)	800×600	13.2	47.5	146	3.0

（2）平板式振动器使用要点:参见附着式振动器使用要点。

4.振动台

振动台为固定式。其动力大、体积大,需要有牢固的基础,适用于混凝土制品厂振实批量生产的预制构件。

（1）技术性能:振动台主要技术性能见表 2-13。

表 2-13　　　　　　　　　　振动台主要技术性能

型　号	载重量 /t	振动台面尺寸 /(mm×mm)	空载最大激 振力/kN	空载振动 频率/Hz	电动机功率 /kW
ZT0.3(ZT0610)	0.3	600×1000	9	49	1.5
ZT10(ZT1020)	1.0	1000×2000	14.3×30.1	49	7.5
ZT2(ZT1040)	2.0	1000×4000	22.34~48.4	49	7.5
ZT2.5(ZT1540)	2.5	1500×4000	62.48~56.1	49	18.5
ZT3(ZT1560)	3	1500×6000	83.3~127.4	49	22
ZT5(ZT2462)	3.5	2400×6200	147~225	49	55

（2）振动台使用要点。

1）振动台应安装在牢固的基础上,地脚螺栓应有足够的强度并拧紧。在基础中间必须留有地下坑道,以方便调整和维修。

2）使用前要进行检查和试运转,检查机件是否完好,所有紧固件特别是轴承座螺栓、偏心块螺栓、电动机和齿轮箱螺栓等,必须紧固牢靠。

3)振动台不宜在空载状态时做长时间运转。作业中必须安置牢固可靠的模板并锁紧夹具,以保证模板中的混凝土和台面一起振动。

4)齿轮因承受高速重负荷,故需有良好的润滑和冷却;齿轮箱油面应保持在规定的水平面上,作业时油温不可超过70℃。

5)应经常检查各类轴承并定期拆洗更换润滑脂。作业中要注意检查轴承温升,发现过热应停机检修。

6)电动机接地应良好可靠,电源线和线接头应绝缘良好,不可有破损漏电现象。

7)振动台台面应经常保持清洁平整,使其和模板接触良好。由于台面在高频重载下振动,容易产生裂纹,必须注意检查,及时修补。

第三章 混凝土用原材料知识

第一节 水 泥

一、常用水泥性能和适用范围

常用水泥的性能和适用范围,见表 3-1。

表 3-1 常用水泥的性能及适用范围

水泥品种	主 要 性 能	适 用 范 围
硅酸盐水泥	(1)快硬早强; (2)水化热高; (3)抗冻、耐磨性好; (4)耐腐蚀性差; (5)耐水性差; (6)耐热性较差	(1)适用快硬早强工程,配制高强度等级混凝土; (2)不宜用于大体积混凝土工程及受化学侵蚀和压力水作用的结构
普通硅酸盐水泥	(1)早强; (2)水化热较高; (3)抗冻、耐磨性较好; (4)耐腐蚀性较差; (5)耐水性较差; (6)耐热性较差	(1)适于地上、地下及水中的混凝土、钢筋混凝土和预应力混凝土,包括受冻融循环作用及早期强度要求较高的工程; (2)不宜用于大体积及受化学侵蚀和压力水作用的结构
矿渣硅酸盐水泥	(1)早期强度低,但后期强度增长较快; (2)水化热较低; (3)耐热性、耐水性较好; (4)抗硫酸盐侵蚀性强; (5)抗冻性、耐磨性较差; (6)干缩性较大,常有泌水现象	(1)适于地上、地下及水中的混凝土、钢筋混凝土和预应力混凝土结构及抗硫酸盐侵蚀的结构;大体积混凝土;蒸养构件,配制耐热混凝土; (2)不适于对早期强度要求较高的工程;经常受冻融交替作用的工程;在低温环境中硬化的工程

续表

水泥品种	主 要 性 能	适 用 范 围
火山灰质硅酸盐水泥	(1)抗渗性较好; (2)蒸养强度增长较快; (3)耐热性较差; (4)其他和矿渣水泥相同	(1)适于地下和水中的混凝土和钢筋混凝土结构;大体积混凝土和蒸养混凝土;有抗渗要求的混凝土; (2)不适于受反复冻融及干湿变化作用的结构;处于干燥环境中的结构;对早期强度要求较高的结构
粉煤灰硅酸盐水泥	(1)干缩性较小; (2)和易性较好; (3)抗碳化能力较差; (4)其他和矿渣水泥相同	(1)适于地上、地下和水中的混凝土、钢筋混凝土结构,抗硫酸盐侵蚀和大体积混凝土结构; (2)不适于对早期强度要求较高的结构

二、通用水泥及要求

1.通用水泥及其分类

通用水泥主要指通用硅酸盐水泥,它是以硅酸盐水泥熟料和适量的石膏及规定的混合材料制成的水硬性胶凝材料。

(1)通用硅酸盐水泥按混合材料的品种和掺量分为硅酸盐水泥、普通硅酸盐水泥、矿渣硅酸盐水泥、火山灰质硅酸盐水泥、粉煤灰硅酸盐水泥和复合硅酸盐水泥。

(2)按强度等级分类如下。

1)硅酸盐水泥的强度等级分为 42.5、42.5R、52.5、52.5R、62.5、62.5R 六个等级。

2)普通硅酸盐水泥的强度等级分为 42.5、42.5R、52.5、52.5R 四个等级。

3)矿渣硅酸盐水泥、火山灰质硅酸盐水泥、粉煤灰硅酸盐水泥的强度等级分为 32.5、32.5R、42.5、42.5R、52.5、52.5R 六个等级。

4)复合硅酸盐水泥的强度等级分为 32.5R、42.5、42.5R、52.5、52.5R五个等级。

2.通用硅酸盐水泥的技术要求

(1)化学指标。

通用硅酸盐水泥的化学指标应符合表 3-2 的规定。

表 3-2　　　　　　　　　　　　　通用硅酸盐水泥化学指标

品种	代号	不溶物 (质量分数)	烧失量 (质量分数)	三氧化硫 (质量分数)	氧化镁 (质量分数)	氯离子 (质量分数)
硅酸盐水泥	P·I	≤0.75	≤3.0	≤3.5	≤5.0ᵃ	≤0.06ᶜ
	P·II	≤1.50	≤3.5			
普通 硅酸盐水泥	P·O	—	≤5.0			
矿渣 硅酸盐水泥	P·S·A	—	—	≤4.0	≤6.0ᵇ	
	P·S·B	—	—		—	
火山灰质 硅酸盐水泥	P·P	—	—	≤3.5	≤6.0ᵇ	
粉煤灰 硅酸盐水泥	P·F	—	—			
复合 硅酸盐水泥	P·C	—	—			

注:①ᵃ 如果水泥压蒸试验合格,则水泥中氧化镁的含量(质量分数)允许放宽至 6.0%。

②ᵇ 如果水泥中氧化镁的含量(质量分数)大于 6.0% 时,需进行水泥压蒸安定性试验并
合格。

③ᶜ 当有更低要求时,该指标由买卖双方确定。

(2)碱含量(选择性指标)。

水泥中碱含量按 $Na_2O + 0.658K_2O$ 计算值表示。若使用活性集料,用户要求提供低碱水泥时,水泥中的碱含量应不大于 0.60% 或由买卖双方协商确定。

(3)物理指标。

1)凝结时间。硅酸盐水泥初凝时间不小于 45min,终凝时间不大于 390min。普通硅酸盐水泥、矿渣硅酸盐水泥、火山灰质硅酸盐水泥、粉煤灰硅酸盐水泥和复合硅酸盐水泥初凝不小于 45min,终凝不大于 600min。

2)安全性。沸煮法合格。

3)强度。不同品种不同强度等级的通用硅酸盐水泥,其不同龄期的强度应符合表 3-3 的规定。

表 3-3　　　　　通用硅酸盐水泥的强度等级　　　　　(单位:MPa)

品　种	强度等级	抗压强度		抗折强度	
		3d	28d	3d	28d
硅酸盐水泥	42.5	≥17.0	≥42.5	≥3.5	≥6.5
	42.5R	≥22.0		≥4.0	
	52.5	≥23.0	≥52.5	≥4.0	≥7.0
	52.5R	≥27.0		≥5.0	
	62.5	≥28.0	≥62.5	≥5.0	≥8.0
	62.5R	≥32.0		≥5.5	
普通硅酸盐水泥	42.5	≥17.0	≥42.5	≥3.5	≥6.5
	42.5R	≥22.0		≥4.0	
	52.5	≥23.0	≥52.5	≥4.0	≥7.0
	52.5R	≥27.0		≥5.0	
矿渣硅酸盐水泥、火山灰质硅酸盐水泥、粉煤灰硅酸盐水泥	32.5	≥10.0	≥32.5	≥2.5	≥5.5
	32.5R	≥15.0		≥3.5	
	42.5	≥15.0	≥42.5	≥3.5	≥6.5
	42.5R	≥19.0		≥4.0	
	52.5	≥21.0	≥52.5	≥4.0	≥7.0
	52.5R	≥23.0		≥4.5	
复合硅酸盐水泥	32.5	≥15.0	≥32.5	≥3.5	≥5.5
	42.5	≥15.0	≥42.5	≥3.5	≥6.5
	42.5R	≥19.0		≥4.0	
	52.5	≥21.0	≥52.5	≥4.0	≥7.0
	52.5R	≥23.0		≥4.5	

(4)细度(选择性指标)。硅酸盐水泥和普通硅酸盐水泥的细度以比表面积表示,其比表面积不小于 300m²/kg;矿渣硅酸盐水泥、火山灰质硅酸盐水泥、粉煤灰硅酸盐水泥和复合硅酸盐水泥的细度以筛余表示,其 80μm 方孔筛筛余不大于 10%或 45μm 方孔筛筛余不大于 30%。

三、特性水泥及要求

1. 白色硅酸盐水泥

以适当成分的生料烧至部分熔融,得以硅酸钙为主要成分,氧化铁含量少的熟料。称为白色硅酸盐水泥熟料。

以白色硅酸盐水泥熟料加入适量石膏磨细制成的水硬性胶凝材料称为白色硅酸盐水泥(简称白水泥)。

硅酸盐水泥呈暗灰色,主要原因是其含 Fe_2O_3 较多(Fe_2O_3 含量为 $3\%\sim4\%$)。当 Fe_2O_3 含量在 0.5% 以下时,则水泥接近白色。白色硅酸盐水泥的生产须采用纯净的石灰石、纯石英砂、高岭土作原料,采用无灰分的可燃气体或液体燃料,磨机采用铸石衬板,研磨体用石球。生产过程严格控制 Fe_2O_3 并尽可能减少 MnO、TiO_2 等着色氧化物。因此白水泥生产成本较高。白水泥的技术性质与产品等级介绍如下。

(1)细度、凝结时间、安定性及强度。

按国家标准《白色硅酸盐水泥》(GB/T 2015—2005)规定,白水泥细度要求 $80\mu m$ 方孔筛筛余不超过 10%;初凝时间不早于 $45min$,终凝时间不迟于 $10h$;安定性用沸煮法检验必须合格,同时熟料中氧化镁含量不得超过 5.0%,若水泥经压蒸安定性试验合格,则熟料中氧化镁的含量允许放宽到 6.0%,水泥中三氧化硫含量不得超过 3.5%;按 3d、28d 的抗折强度与抗压强度分为 32.5、42.5、52.5 三个强度等级;产品白度值应不低于 87。

(2)废品与不合格品。

凡三氧化硫、初凝时间、安定性中任一项不符合标准规定或强度低于最低等级的指标时为废品。

凡细度、终凝时间、强度和白度任一项不符合标准规定的,或水泥包装标志中品种、生产者名称、出厂编号不全的,为不合格品。

白水泥粉磨时加入碱性矿物颜料可制成彩色水泥。白色水泥与彩色水泥主要用于建筑物内外表面的装饰工程和人造大理石、水磨石制品。

2. 抗硫酸盐硅酸盐水泥

抗硫酸盐硅酸盐水泥简称抗硫酸盐水泥,具有较好的抗硫酸盐侵蚀的特性。按其抗硫酸盐侵蚀程度分为中抗硫酸盐硅酸盐水泥和高抗硫酸盐硅酸盐水泥两类。其定义、用途及技术要求见表 3-4、表 3-5。

表 3-4　　　　　　　　　抗硫酸盐硅酸盐水泥的定义、用途和技术要求

项　目	内容或指标		
定义	中抗硫酸盐硅酸盐水泥:以特定矿物组成的硅酸水泥熟料,加入适量石膏,磨细制成的具有抵抗中等浓度硫酸根离子侵蚀的水硬性胶凝材料,称为中抗硫酸盐硅酸盐水泥,简称中抗硫酸盐水泥,代号 P·MSR; 高抗硫酸盐硅酸盐水泥:以特定矿物组成的硅酸盐水泥熟料,加入适量石膏,磨细制成的具有抵抗较高浓度硫酸根离子侵蚀的水硬性胶凝材料,称为高抗硫酸盐硅酸盐水泥,简称高抗硫酸盐水泥,代号 P·HSR		
硅酸三钙、铝酸三钙含量	水泥名称	硫酸三钙/(%)	铝酸三钙/(%)
	中抗硫酸盐水泥	≤55.0	≤5.0
	高抗硫酸盐水泥	≤50.0	≤3.0
烧失量	水泥中烧失量不得超过 3.0%		
氧化镁	水泥中氧化镁含量不得超过 5.0%。如果水泥经过压蒸安定性试验合格,则水泥中氧化镁含量允许放宽到 6.0%		
碱含量	水泥中碱含量按 $w(Na_2O)+0.658w(K_2O)$ 计算值来表示,若使用活性集料,用户要求提供低碱水泥时,水泥中的碱含量不得大于 0.60%,或由供需双方商定		
三氧化硫	水泥中三氧化硫的含量不得超过 2.5%		
不溶物	水泥中的不溶物不得超过 1.50%		
比表面积	水泥比表面积不得小于 280m²/kg		
凝结时间	初凝不得早于 45min,终凝不得迟于 10h		
安定性	用沸煮法检验,必须合格		
强度	水泥强度等级按规定龄期的抗压强度和抗折强度来划分,两类水泥均分为 32.5、42.5 两个强度等级,各等级水泥的各龄期强度不得低于表 3-5 所列数值		

注:表中百分数(%)均为质量比。

表 3-5　　抗硫酸盐硅酸盐各等级中抗硫、高抗硫水泥的各龄期强度值

水泥强度等级	抗压强度/MPa		抗折强度/MPa	
	3d	28d	3d	28d
32.5	10.0	32.5	2.5	6.0
42.5	15.0	42.5	3.0	6.5

注:抗硫酸盐水泥适用于一般受硫酸盐侵蚀的海港、水利、地下、隧涵、引水、道路和桥梁基础等工程。

四、水泥进场检验、储存

1. 水泥进场验收的基本内容

(1)核对包装及标志是否相符。

水泥的包装及标志,必须符合标准规定。通用水泥一般为袋装,也可以散装。袋装水泥规定每袋净重50kg,且不得少于标志质量的99%;随机抽取20袋,水泥总质量不得少于1000kg。水泥包装袋应符合标准规定,袋上应清楚标明:执行标准、水泥品种、代号、强度等级、生产者名称、生产许可证标志(QS)及编号、出厂编号、包装日期、净含量。掺火山灰质混合材料的普通水泥或矿渣水泥,还应标上"掺火山灰"字样。复合水泥,应标明主要混合材料名称。包装袋两侧,应印有水泥名称和强度等级,硅酸盐水泥和普通水泥的印刷采用红色,矿渣水泥采用绿色,火山灰水泥、粉煤灰水泥及复合水泥采用黑色或蓝色。散装供应的水泥,应提交与袋装标志相同内容的卡片。

通过对水泥包装和标志的核对,不仅可以发现包装的完好程度,盘点和检验数量是否给足,还能核对所购水泥与到货的产品是否完全一致,及时发现和纠正可能出现的产品混杂现象。

(2)校对出厂检验的试验报告。

水泥出厂前,由水泥厂按批号进行出厂检验,填写试验报告。试验报告应包括标准规定的各项技术要求及试验结果,细度,助磨剂和石膏的品种及掺加量,混合材料名称和掺加量,属旋窑或立窑生产。当用户需要时,水泥厂应在水泥发出日起7d内,寄发除28d强度以外的各项试验结果。28d强度数值,应在水泥发出日起32d内补报。

施工部门购进的水泥,必须取得同一编号水泥的出厂检验报告,并认真校核。要校对试验报告的编号与实收水泥的编号是否一致,试验项目是否遗漏,试验测值是否达标。

水泥出厂检验的试验报告,不仅是验收水泥的技术保证依据,也是施工单位长期保留的技术资料,直至工程验收时作为用料的技术凭证。

(3)交货验收检验。

水泥交货时的质量验收依据,标准中规定了两种:一种是以抽取实物试样的检验结果为依据,另一种是以水泥厂同编号水泥的检验报告为依据。采用哪种,由买卖双方商定,并在合同协议中注明。

以抽取实物试样的检验结果为依据时,买卖双方应在发货前或交货地共同取样和签封。按取样方法标准抽取20kg水泥试样,缩分为两等份,一份由卖方保存,另一份由买方按规定的项目和方法进行检验。在40d以内,对产品质量有异议时,将卖方封存的一份进行仲裁检验。以水泥厂同编号水泥的检验报告为依据时,在发货前或交货时,由买方抽取该编号试样,双方共同签封保存;或委托卖方抽取该编号试样,签封后保存。90d内,买方对水泥质量有疑问时,双方将签封试样进行仲裁检验。

仲裁检验,应由省级或省级以上国家认可的水泥质量监督检验机构进行。

2.水泥质量检验

水泥进入现场后应进行复检。

(1)检验内容和检验批确定。

水泥应按批进行质量检验。检验批可按如下规定确定。

1)同一水泥厂生产的同品种、同强度等级、同一出厂编号的水泥为一批。但散装水泥一批的总量不得超过500t,袋装水泥一批的总量不得超过200t。

2)当采用同一厂家生产的质量长期稳定的、生产间隔时间不超过10d的散装水泥时,可以500t作为一批。

3)取样时应随机从不少于3个车罐中各采取等量水泥,经混拌均匀后,再从中称取不少于12kg水泥作为检验样。

水泥进场时应对其品种、级别、包装或散装仓号、出厂日期进行检查,并对其强度、安定性及其他必要的性能指标进行复验,其质量指标必须符合现行国家标准《通用硅酸盐水泥》(GB 175—2007)的规定。

当在使用中对水泥质量有怀疑或水泥出厂超过三个月(快硬硅酸盐水泥超过一个月)时,应进行复验,并按复验结果使用。

钢筋混凝土结构、预应力混凝土结构中,严禁使用含氯化物的水泥。

（2）复验项目。

水泥的复验项目：细度或比表面积、凝结时间、安定性、标准稠度用水量、抗折强度和抗压强度。

（3）不合格品及废品处理。

1）不合格品水泥。凡细度、终凝时间、不溶物和烧失量中有一项不符合《通用硅酸盐水泥》(GB 175—2007)规定或混合材料掺加量超过最大限量和强度低于相应强度等级的指标时为不合格品。水泥包装标志中水泥品种、强度等级、生产单位名称和出厂编号不全的也属于不合格品。不合格品水泥应降级或按复验结果使用。

2）废品水泥。当氧化镁、三氧化硫、初凝时间、安定性中任一项不符合国家标准规定时，该批水泥为废品。废品水泥严禁用于建设工程。

3.水泥保管

（1）防止受潮。

水泥为吸湿性强的粉状材料，遇有水湿后，即发生水化反应。在运输过程中，要采取防雨、雪措施，在保管中要严防受潮。

在现场短期存放袋装水泥时，应选择地势高、平坦坚实、不积水的地点，先垫高垛底，铺上油毡或钢板后，将水泥码放规整，垛顶用苫布盖好盖牢。如专供现场搅拌站用料，且时间较长，应搭设简易棚库，同样做好上苫、下垫。

较永久性集中供应水泥的料站，应设有库房。库房应不漏雨，应有坚实平整的地面，库内应保持干燥通风。码放水泥要有垫高的垛底，垛底距地面应在 30cm 以上，垛边离开墙壁应在 20cm 以上。

散装水泥应有专门运输车，直接卸入现场的特制储仓。储仓一般邻近现场搅拌站设置，储仓的容量要适当，要便于装入和取出。

（2）防止水泥过期。

水泥即使在良好条件下存放，也会因吸湿而逐渐失效。因此，水泥的储存期不能过长。一般品种的水泥，储存期不得超过 3 个月，特种水泥还要短些。过期的水泥，强度下降，凝结时间等技术性能将会改变，必须经过复检才能使用。

因此,从水泥收进时起,要按出厂日期不同分别放置和管理,在安排存放位置时,就要做好规划,以便于做到早出厂的早发。要有周密的进、发料计划,预防水泥压库。

(3)避免水泥品种混乱。

严防水泥品种、强度等级、出厂日期等,在保管中发生混乱,特别是不同成分系列的水泥混乱。水泥的混乱,必然导致发生错用水泥的工程事故。

为避免混乱现象的发生,放置要有条理,分门别类地做好标志。特别是散装水泥,必须做到物、卡、储仓号相符。袋装水泥不能串袋,如收起落地灰改用了包装,过期水泥经复检强度已低于袋上的强度标志等,都是错用水泥的原因。

(4)加强水泥应用中的管理。

加强检查,坚持限额领料,杜绝使用中的各种浪费现象。

一般情况下,设计单位不指定水泥品种,要发挥施工部门合理选用水泥品种的自主性。要弄清不同水泥的特性和适用范围,做到物尽其用,最大限度地提高技术经济效益。要有强度等级的概念,选用水泥的强度等级要与构筑物的强度要求相适应,用高强度等级的水泥配制低等级的混凝土或砂浆,是水泥应用中的最大浪费。要努力创造条件,推广使用散装水泥,推广使用预拌混凝土。

4. 水泥抽样及处置

(1)检验批。

使用单位在水泥进场后,应按批对水泥进行检验。根据国家标准《混凝土结构工程施工质量验收规范》(GB 50204—2015)规定,按同一生产厂家、同一强度等级、同一品种、同一代号、同一批号且连续进场的水泥,袋装不超过200t为一批,散装不超过500t为一批,每批抽样数量不少于一次。

(2)水泥的取样。

1)取样单位:即按每一检验批作为一个取样单位,每个检验批抽样不少于一次。

2)取样数量与方法:为了使试样具有代表性,可在散装水泥卸料处或输送水泥运输机具上 20 个不同部位取等量样品,总量至少 12kg。然后采用缩分法将样品缩分到标准要求的规定量。

(3)试样制备。

试验前应将试样通过 0.9mm 方孔筛,并在(110±1)℃烘干箱内烘干,备用。

(4)试验室条件。

试验室的温度为(20±2)℃,相对湿度不低于 50%;水泥试样、拌和水、标准砂、仪器和用具的温度应与试验室一致;水泥标准养护箱的温度为(20±1)℃,相对湿度不低于 90%。

第二节　混凝土用砂、碎石及轻骨料

混凝土骨料又称集料,是混凝土的主要组成材料之一。粒径在 5mm 以上者称粗骨料,5mm 以下者称细骨料。普通混凝土用粗骨料为碎石和卵石(统称石子),细骨料为砂。粗骨料在混凝土中堆聚成紧密的构架,细骨料与水泥混合成砂浆填充构架的空隙。粗细骨料在混凝土中起骨架作用。

一、混凝土用砂(细骨料)

普通混凝土用砂(细骨料)是指粒径在 0.15～5.00mm 的岩石颗粒,称为砂。砂按产源分为天然砂和人工砂两类。天然砂是由自然风化,水流搬运和分选、堆积形成的,包括河砂、湖砂、山砂、淡化海砂四种。人工砂是经除土处理的机制砂(由机械破碎、筛分制成)和混合砂(由机制砂和天然砂混合制成)的统称。

混凝土用砂(细骨料)的技术要求,应符合表 3-6 的要求。

表 3-6　　　　　　　　　混凝土用砂的技术要求

项　　目		指　　标		
		Ⅰ类	Ⅱ类	Ⅲ类
天然砂的含泥量和泥块含量	含泥量(按质量计)/(%)	<1.0	<3.0	<5.0
	泥块含量(按质量计)/(%)	0	<1.0	<2.0

项　目			指　标		
			Ⅰ类	Ⅱ类	Ⅲ类
人工砂的石粉和泥块含量（亚甲蓝试验）	MB值≤1.40或快速法试验合格	MB值	≤0.5	≤1.0	≤1.4或合格
		石粉含量（按质量计）/(%)	≤10.0	≤10.0	≤10.0
		泥块含量（按质量计）/(%)	0	≤1.0	≤2.0
	MB值>1.40或快速法试验不合格	石粉含量（按质量计）/(%)	≤1.0	≤3.0	≤5.0
		泥块含量（按质量计）/(%)	0	≤1.0	≤2.0
有害物质	云母(按质量计)/(%)		≤1.0	≤2.0	≤2.0
	轻物质(按质量计)/(%)		≤1.0	≤1.0	≤1.0
	有机物(比色法)		合格	合格	合格
	硫化物及硫酸盐(按SO_3质量计)/(%)		≤0.5	≤0.5	≤0.5
	氯化物(以氯离子质量计)/(%)		≤0.01	≤0.02	≤0.06
坚固性指标	质量损失/(%)		≤8	≤8	≤10
	单级最大压碎指标/(%)		≤20	≤25	≤30
表观密度			≥2500kg/m³		
松散堆积密度			≥1400kg/m³		
空隙率			≤44%		
碱集料反应			在规定的试验龄期膨胀率应小于0.10%		

二、混凝土用碎石(粗骨料)

普通混凝土用粒径大于4.75mm的骨料称粗骨料。混凝土常用的粗骨料有卵石与碎石两种。卵石又称砾石,是自然风化、水流搬运和分选、堆积形成的岩石颗粒。按其产源可分为河卵石、海卵石、山卵石等几种,其中以河卵石应用最多。碎石是由天然岩石或卵石经机械破碎、筛分制成的岩石颗粒。

混凝土用卵石、碎石(粗骨料)的技术要求,应符合表3-7的要求。

表 3-7　　　　　　　　　　　　混凝土用卵石、碎石的技术要求

项　目		指　标		
		Ⅰ类	Ⅱ类	Ⅲ类
含泥量(按质量计)/(%)		≤0.5	≤1.0	≤1.5
泥块含量(按质量计)/(%)		0	≤0.2	≤0.5
针、片状颗粒总含量(按质量计)/(%)		≤5	≤10	≤15
有害物质	有机物	合格	合格	合格
	硫化物及硫酸盐(按 SO_3 质量计)/(%)	≤0.5	≤1.0	≤1.0
压碎指标	质量损失/(%)	≤5	≤8	≤12
	碎石压碎指标/(%)	≤10	≤20	≤30
	卵石压碎指标/(%)	≤12	≤14	≤16
空隙率/(%)		≤43	≤45	≤47
吸水率/(%)		≤1.0	≤2.0	≤2.0

三、轻骨料混凝土用骨料

轻骨料混凝土是用轻粗骨料、轻砂(或普通砂)、水泥和水配制而成的干表观密度不大于 $1900kg/m^3$ 的混凝土。

轻骨料可分为轻粗骨料和轻细骨料。凡粒径大于 5mm,堆积密度小于 $1000kg/m^3$ 的轻质骨料,称为轻粗骨料;凡粒径小于 5mm,堆积密度小于 $1200kg/m^3$ 的轻质骨料,称为轻细骨料(或轻砂)。

轻骨料按其来源可分为工业废料轻骨料,如粉煤灰陶粒、自然煤矸石、膨胀矿渣珠、煤渣及其轻砂;天然轻骨料,如浮石、火山渣及其轻砂;人造轻骨料,如页岩陶粒、黏土陶粒、膨胀珍珠岩骨料及其轻砂。

轻粗骨料按其粒型可分为球型的,如粉煤灰陶粒和磨细成球的页岩陶粒等;普通型的,如页岩陶粒、膨胀珍珠岩等;碎石型的,如浮石、自然煤矸石和煤渣等。

轻骨料混凝土与普通混凝土在配制原理及性能等方面有很多共同之处,也有一些不同,其性能差异主要由轻骨料的性能所决定。轻骨料的技术要求主要包括堆积密度、颗粒的粗细程度及级配、强度和吸水率等,此外还对耐久性、安定性、有害杂质含量等提出了要求。

1. 轻骨料的堆积密度

轻骨料堆积密度的大小将影响轻骨料混凝土的表观密度和性能。轻粗骨料的堆积密度(单位为 kg/m³)分为 200、300、400、500、600、700、800、900、1000、1100 十个等级;轻细骨料的堆积密度(单位为 kg/m³)分为 500、600、700、800、900、1000、1100、1200 八个等级。

2. 粗细程度与颗粒级配

保温及结构保温轻骨料混凝土用的轻粗骨料,其最大粒径不宜大于 40mm,结构轻骨料混凝土用的轻粗骨料,其最大粒径不宜大于 20mm。

四、建筑用砂、石抽样及处置

1. 抽样

(1)砂(石)的取样,应按批进行。购料单位取样,应一列火车、一批货船或一批汽车所运的产地和规格均相同的砂(或石)为一批,但总数不宜超过 400m³ 或 600t。

(2)在料堆上取样时,一般也以 400m³ 或 600t 为一批。

(3)以人工生产或用小型工具(如拖拉机等)运输的砂,以产地和规格均相同的 200m³ 或 300t 为一批。

(4)在料堆上取样时,取样部位应均匀分布。取样前先将取样部位表层铲除,然后由各部位抽取大致相等的试份共 8 份,石子为 16 份,组成各自一组试样。

(5)从皮带运输机上取样时,应在皮带运输机机尾的出料处,用接料器定时抽取砂 4 份、石 8 份组成各自一组试样。

(6)从火车、汽车、货船上取样时,应从不同部位和深度抽取大致相等的砂 8 份、石 16 份组成各自一组样品。

(7)每组试样的取样数量,对每一单项试验,应不小于最少取样的质量。须做几项试验时,如确能保证试样经一项试验后不致影响另一项试验的结果,可用同一组试样,进行几项不同的试验。

2. 试样的缩分

将所取每组试样置于平板上,若为砂样,应在潮湿状态下搅拌均匀,并堆成厚度约为 2cm 的"圆饼",然后沿互相垂直的两条直径,把"圆饼"分成大致相等的四份,取其对角的两份重新拌匀,再堆成"圆饼"。重复上述过程,直至缩分后的材料质量,略多于进行试验所必须的质量为止。若为石子试样,在自由状态下拌混均匀,并堆成锥体,然后沿相互垂直的两条直径,把锥体分成大致相等的 4 份。取其对角的两份重新拌匀,再堆成锥体。重复上述过程,直至缩分后材料的质量,略多于进行试验所必须的质量为止。

有条件时,也可以用分料器对试样进行缩分。碎石或卵石的含水率及堆积密度检验,所用的试样不经缩分,拌匀后直接进行试验。

3.试样的包装

每组试样应采用能避免细料散失及防止污染的容器包装,并附卡片标明试样编号、产地、规格、质量、要求检验项目及取样方法等。

第三节 混凝土用水、掺合料

一、混凝土用水

1.混凝土拌和用水分类及质量要求

混凝土拌和用水可分为饮用水、地表水、地下水、再生水、海水及混凝土企业设备洗涮水等。

符合国家标准的生活饮用水,可直接用于拌制各种混凝土;地表水和地下水首次使用前,应按有关标准进行检验后方可使用;海水可拌制素混凝土,但不可用于拌制钢筋混凝土和预应力混凝土,有饰面要求的混凝土也不应用海水拌制;混凝土构件厂及商品混凝土厂设备洗刷水可用作拌和混凝土的部分用水,但需注意设备洗刷水所含水泥和外加剂对所拌和混凝土的影响,且最终拌和水中氯化物、硫酸盐及硫化物含量应符合表 3-8 的要求。

表 3-8 混凝土拌和用水的质量要求

项 目	预应力混凝土	钢筋混凝土	素 混 凝 土
pH 值	≥5.0	≥4.5	≥4.5
不溶物/(mg/L)	≤2000	≤2000	≤5000

续表

项　目	预应力混凝土	钢筋混凝土	素 混 凝 土
可溶物/(mg/L)	≤2000	≤5000	≤10000
Cl^-/(mg/L)	≤500	≤1200	≤3500
SO_4^{2-}/(mg/L)	≤600	≤2000	≤2700
碱含量/(rag/L)	≤1500	≤1500	≤1500

注:碱含量按 $Na_2O+0.658K_2O$ 计算值来表示。采用非碱活性骨料时,可不检验碱含量。

2.混凝土拌和用水选择

(1)混凝土拌和用水不应有漂浮明显的油脂和泡沫,不应有明显的颜色和异味。

(2)混凝土企业设备洗刷水不宜用于预应力混凝土、装饰混凝土、加气混凝土和暴露于腐蚀环境的混凝土;不得用于使用碱活性或潜在碱活性骨料的混凝土。

(3)未经处理的海水严禁用于钢筋混凝土和预应力混凝土。

(4)在无法获得水源的情况下,海水可用于素混凝土,但不宜用于装饰混凝土。

二、混凝土用掺合料

掺合料是指用量多、影响混凝土配合比设计的材料,在混凝土搅拌前或在搅拌过程中,为改善混凝土性能、调节混凝土强度等级、节约水泥用量,掺合料的掺量一般为水泥质量的5%以上。

1.作用

(1)利用活性掺合料的特性,改善混凝土的性能;

(2)提高混凝土的塑性;

(3)调节混凝土的强度;

(4)可使高强度等级水泥能用于配制低等级混凝土(如掺粉煤灰),或提高混凝土强度,配制高等级混凝土(如掺硅灰),节约水泥等。

2.掺合料种类

(1)粉煤灰:从燃烧煤粉的烟道收集的灰色粉末;粉煤灰是目前用量最大、使用范围最广的一种掺合料;

(2)粒化高炉矿渣:为高炉冶炼铸铁时所得的以硅酸钙和硅酸铝为主要成分的熔融物,经淬冷而成的多孔性粒状物质;

(3)火山灰质材料:以氧化硅、氧化铝为主要成分的矿物质或人造物质。天然的有火山灰、凝灰岩、浮石、沸石岩等;人工的有经煅烧的烧页岩、烧黏土、煤灰渣等;

(4)硅灰(又称硅粉):是生产硅铁或硅钢时产生的烟尘,主要成分为二氧化硅。

3.掺合料适用范围

掺合料适用范围,见表3-9。

表 3-9　　　　　　　　　掺合料的适用范围

工程项目	适用的掺合料
大体积混凝土工程	火山灰质材料、粉煤灰
抗渗工程	火山灰质材料
抗软水、硫酸盐介质腐蚀的工程	粒化高炉矿渣、火山灰质材料、粉煤灰
经常处于高温环境的工程	粒化高炉矿渣
高强混凝土	硅灰

4.粉煤灰

(1)用于混凝土中的粉煤灰应分为Ⅰ级、Ⅱ级、Ⅲ级三个等级,各等级粉煤灰技术要求及检验方法应按现行国家标准《用于水泥和混凝土中的粉煤灰》(GB/T 1596—2005)的有关规定执行,并应符合表3-10的规定。

表 3-10　　　　　　混凝土用粉煤灰技术要求及检验方法

项目		技术要求			检验方法
		Ⅰ级	Ⅱ级	Ⅲ级	
细度(45μm方孔筛筛余)/(%)	F类粉煤灰	≤12.0	≤25.0	≤25.0	按现行国家标准《用于水泥和混凝土中的粉煤灰》(GB/T 1596—2005)的有关规定执行
	C类粉煤灰				
需水量比/(%)	F类粉煤灰	≤95	≤105	≤115	按现行国家标准《用于水泥和混凝土中的粉煤灰》(GB/T 1596—2005)的有关规定执行
	C类粉煤灰				

项 目		技术要求			检验方法
		Ⅰ级	Ⅱ级	Ⅲ级	
烧失量/(%)	F类粉煤灰	≤5.0	≤8.0	≤15.0	按现行国家标准《水泥化学分析方法》(GB/T 176—2008)的有关规定执行
	C类粉煤灰				
含水量/(%)	F类粉煤灰	≤1.0			按现行国家标准《用于水泥和混凝土中的粉煤灰》(GB/T 1596—2005)的有关规定执行
	C类粉煤灰				
三氧化硫/(%)	F类粉煤灰	≤3.0			按现行国家标准《水泥化学分析方法》(GB/T 176—2008)的有关规定执行
	C类粉煤灰				
游离氧化钙/(%)	F类粉煤灰	≤1.0			按现行国家标准《水泥化学分析方法》(GB/T 176—2008)的有关规定执行
	C类粉煤灰	≤4.0			
安定性(雷氏夹沸煮后增加距离)/mm	C类粉煤灰	≤5.0			净浆试验样品的制备及对比水泥样品的要求按本表注执行,安定性试验按现行国家标准《水泥标准稠度用水量、凝结时间、安定性检验方法》(GB/T 1346—2011)的有关规定执行

注:1.安定性检验方法中,净浆试验样品由对比水泥样品和被检验粉煤灰按7:3质量比混合而成;

2.当实际工程中粉煤灰掺量大于30%时,应按工程实际掺量进行试验论证;

3.对比水泥样品应符合现行国家标准《通用硅酸盐水泥》(GB 175—2007)规定的强度等级为42.5的硅酸盐水泥或工程实际应用的水泥。

(2)粉煤灰的放射性核素限量及检验方法应按现行国家标准《建筑材料放射性核素限量》(GB 6566—2010)的有关规定执行。

(3)粉煤灰中的碱含量应按 Na_2O 当量计,以 $Na_2O+0.658K_2O$ 计算值表示。当粉煤灰用于具有碱活性骨料的混凝土中,宜限制粉煤灰的碱含量。粉煤灰碱含量的检验方法应按现行国家标准《水泥化学分析方法》(GB/T 176—2008)的有关规定执行。

(4)粉煤灰在混凝土中的作用。

1)强度等级:影响水泥强度的因素很多,除水泥的活性外,主要与粉煤灰的质量及掺量有关,其中又以粉煤灰的细度最为重要。经过试验得出的结论是掺粉煤灰的混凝土早期强度低,后期高,当掺入30％不同细度的粉煤灰时,其细度越细,标准稠度需水量越少,强度等级越高。

2)和易性好:掺粉煤灰的混凝土,和易性比普通混凝土好,具有较大的坍落度和良好的工作性能。

3)抗渗性好:掺入粉煤灰后,混凝土在硬化过程中,能生成难溶于水的水化硅酸钙和水化铝酸钙。因此,掺入适量合格的粉煤灰混凝土具有较好的抗渗性能。

4)耐久性能好:掺入粉煤灰的混凝土,由于水泥水化生成的氢氧化钙为不溶性化合物,因而增大了抗硫酸盐侵蚀的能力。

5)水化热低:由于用粉煤灰置换了一部分的水泥,混凝土在硬化过程中产生水化热的速度将变得缓和,单位时间内的发热量减少了。

第四节　混凝土外加剂

混凝土外加剂是一种在混凝土搅拌之前或拌制过程中加入的、用以改善新拌混凝土和(或)硬化混凝土性能的材料。

混凝土外加剂是在拌制混凝土过程中掺入,掺量不大于5％,用以改善混凝土性能的物质。由于掺入很少的外加剂就能明显地改善混凝土的某种性能,如改善和易性,调节凝结时间,提高强度和耐久性,节省水泥等,因此,外加剂深受工程界的欢迎。外加剂在混凝土及砂浆中得到越来越广泛的使用,已成为混凝土的第五组分。

一、外加剂的作用与分类

1.外加剂的作用

(1)可改善混凝土的和易性:如使用减水剂、引气剂等,可使混凝土在配合比和强度都不变的情况下,流动性大大提高,以利于机械化施工,提高工程质量,减轻劳动强度。

(2)调节混凝土凝结硬化的速度:如加入早强剂,可缩短混凝土养护的时间,以便提前拆除模板和预应力钢筋的放张,缩短工期;而加入缓凝剂则可延缓混凝土的凝结时间,可使在高温下施工的混凝土保持良好的和易性;在大体积混凝土中使用缓凝剂可延长水化热的释出时间,以避免其产生表面裂缝等。

(3)调节混凝土内的空气含量:如使用引气剂可使混凝土增加适当的含气量,使用消泡剂可减少混凝土内的含气量,使用加气剂可制得轻质多孔的混凝土等。

(4)改善混凝土的物理力学性能:如使用引气剂可提高混凝土的抗冻性、抗渗性、抗裂性,使用抗冻剂可保证混凝土在0℃以下的低温环境中正常凝结硬化,防水剂可使混凝土在一定压力水作用下具有不透水的性能等。

(5)提高混凝土内钢筋的耐蚀性:如使用阻锈剂可使钢筋在有氯盐的情况下免于锈蚀。

2. 外加剂的分类

混凝土外加剂按其主要使用功能分为四类。

(1)改善混凝土拌和物流变性能的外加剂,包括各种减水剂和泵送剂等;

(2)调节混凝土凝结时间、硬化性能的外加剂,包括缓凝剂、促凝剂和速凝剂等;

(3)改善混凝土耐久性的外加剂,包括引气剂、防水剂、阻锈剂和矿物外加剂等;

(4)改善混凝土其他性能的外加剂,包括膨胀剂、防冻剂、着色剂等。

二、各种外加剂性能与适用范围

1. 减水剂

在混凝土坍落度基本相同的条件下,能减少拌和用水量的外加剂,称为普通减水剂;能大幅度减少拌和用水量的外加剂,称为高效减水剂。

利用减水剂的减水效果,可以保持混凝土的配合比不变,得到高流态的拌和物;也可以减少拌和水,保持原有的稠度,来显著提高硬化混凝土的强度;或者保持原有强度和稠度,以节省水泥。

(1)普通减水剂及高效减水剂可用于素混凝土、钢筋混凝土、预应力混凝土,并可制备高强高性能混凝土。

(2)普通减水剂宜用于日最低气温5℃以上施工的混凝土,不宜单独用于蒸养混凝土;高效减水剂宜用于日最低气温0℃以上施工的混凝土。

(3)当掺用含有木质素磺酸盐类物质的外加剂时应先做水泥适应性试验,合格后方可使用。

2.早强剂

能加速混凝土早期强度发展的外加剂,称为早强剂。可采用的早强剂品种有强电解质无机盐类,如硫酸盐、硫酸复盐、硝酸盐、亚硝酸盐、氯盐等;水溶性有机化合物类,如三乙醇胺、甲酸盐、乙酸盐、丙酸盐等;其他如有机化合物与无机盐复合物类,以及由早强剂与减水剂复合而成的早强减水剂。

(1)早强剂及早强减水剂适用于蒸养混凝土及常温、低温和最低温度不低于-5℃环境中施工的有早强要求的混凝土工程。炎热环境条件下不宜使用早强剂、早强减水剂。

(2)掺入混凝土后对人体产生危害或对环境产生污染的化学物质严禁用作早强剂。含有六价铬盐、亚硝酸盐等有害成分的早强剂严禁用于饮水工程及与食品相接触的工程。含有硝铵类成分的严禁用于办公、居住等建筑工程。

(3)下列结构中严禁采用含有氯盐的早强剂及早强减水剂。

1)预应力混凝土结构;

2)相对湿度大于80%环境中使用的结构、处于水位变化部位的结构、露天结构及经常受水淋、受水流冲刷的结构;

3)大体积混凝土;

4)直接接触酸、碱或其他侵蚀性介质的结构;

5)经常处于温度为60℃以上环境的结构,须经蒸养的钢筋混凝土预制构件;

6)有装饰要求的混凝土,特别是要求色彩一致或是表面有金属装饰的混凝土;

7)薄壁混凝土结构,中级和重级工作制吊车的梁、屋架、落锤及锻锤混凝土基础等结构；

8)使用冷拉钢筋或冷拔低碳钢丝的结构；

9)骨料具有碱活性的混凝土结构。

(4)在下列混凝土结构中严禁采用含有强电解质无机盐类成分的早强剂及早强减水剂。

1)与镀锌钢材或铝铁相接触部位的结构，以及有外露钢筋预埋铁件而无防护措施的结构；

2)使用直流电源的结构以及距高压直流电源 100m 以内的结构。

(5)含钾、钠离子的早强剂用于骨料具有碱活性的混凝土结构时，早强剂的碱含量(以当量氧化钠计)不宜超过 1kg/m³，混凝土总碱含量还应符合标准的规定。

(6)常用早强剂掺量应符合表 3-11 的规定。

表 3-11　　　　　　　　常用早强剂掺量限值

混凝土种类	使用环境	早强剂名称	掺量限值(水泥质量%)不大于
预应力混凝土	干燥环境	三乙醇胺 硫酸钠	0.05 1.0
钢筋混凝土	干燥环境	氯离子[Cl⁻] 硫酸钠	0.6 2.0
	干燥环境	与缓凝减水剂复合的硫酸钠 三乙醇胺	2.0 0.05
	潮湿环境	硫酸钠 三乙醇胺	1.5 0.05
有饰面要求的混凝土	—	硫酸钠	0.8
素混凝土		氯离子[Cl⁻] 硫酸钠	1.8 3.0

注：预应力混凝土及潮湿环境中使用的钢筋混凝土中不得掺氯盐早强剂。

3.防冻剂

防冻剂是能使混凝土在负温下硬化，并在规定养护条件下达到预期性能的外加剂。防冻剂加入冬期施工的混凝土拌和物中,其防冻组分能降低液相冰点,即降低混凝土受冻的临界温度,又能改变一旦结冰时冰的晶形,被析出的冰不致显著损害混凝土。

(1)含强电解质无机盐的防冻剂用于混凝土中,必须符合第(4)项的相关规定。

(2)含亚硝酸盐、碳酸盐的防冻剂严禁用于预应力混凝土结构。

(3)含有六价铬盐、亚硝酸盐等有害成分的防冻剂,严禁用于饮水工程及与食品相接触的工程。

(4)含有硝铵、尿素等产生刺激性气味的防冻剂,严禁用于办公、居住等建筑工程。

(5)强电解质无机盐防冻剂带入混凝土的碱含量(以当量氧化钠计)不得超过 $1kg/m^3$,混凝土总碱含量还应符合标准的规定。

(6)有机化合物类防冻剂可用于素混凝土、钢筋混凝土及预应力混凝土工程。

(7)有机化合物与无机盐复合防冻剂及复合型防冻剂可用于素混凝土、钢筋混凝土及预应力混凝土工程。

(8)对水工、桥梁及有特殊抗冻融性要求的混凝土工程,应通过试验确定防冻剂品种及掺量。

4.引气剂

在混凝土搅拌过程中,能引入大量均匀分布、稳定而封闭的微小气泡,且能保留在硬化混凝土中的外加剂,称作引气剂。

(1)引气剂及引气减水剂可用于抗冻混凝土、抗渗混凝土、抗硫酸盐混凝土、泌水严重的混凝土、贫混凝土、轻骨料混凝土、人工骨料配制的普通混凝土、高性能混凝土以及有饰面要求的混凝土。

(2)引气剂、引气减水剂不宜用于蒸养混凝土及预应力混凝土,必要时,应经试验确定。

(3)掺引气剂及引气减水剂混凝土的含气量,不宜超过表3-12规定的含气量;对抗冻性要求高的混凝土,宜采用表 3-12 规定的含气量数值。

但应重视引气剂会使混凝土强度降低的问题。水胶比相同的混凝土,含气量大的,强度降低的多;含气量相同时,水胶比大的,强度降低显著。还可以利用引气剂改善和易性时的减水效果,保持原水泥用量,少加拌和水,即适当减小水胶比而增加强度的办法,对损失的强度做一定弥补。施工中严格控制引气剂掺量、勤于检查,使混凝土的含气量处于限值以内,是确保混凝土强度的有力措施。

表 3-12　　　　　　掺引气剂及引气减水剂混凝土的含气量

粗骨料最大粒径/mm	10	15	20	25	40
混凝土含气量/(%)	7.0	6.0	5.5	5.0	4.5

注:表中含气量,C50、C55混凝土可降低0.5%,C60及C60以上混凝土可降低1%,但不宜低于3.5%。

5.缓凝剂

缓凝剂是指延长混凝土凝结时间的外加剂。混凝土工程中,可采用下列缓凝剂、缓凝减水剂。

(1)糖类:如糖钙、葡萄糖酸盐等;

(2)木质素磺酸盐类:如木质素磺酸钙、木质素磺酸钠等;

(3)羟基羧酸及其盐类:如柠檬酸、酒石酸钾钠等;

(4)无机盐类:如锌盐、磷酸盐等;

(5)其他:如铵盐及其衍生物、纤维素醚等。

1)缓凝剂、缓凝减水剂及缓凝高效减水剂可用于大体积混凝土、碾压混凝土、炎热气候条件下施工的混凝土、大面积浇筑的混凝土、避免冷缝产生的混凝土、需较长时间停放或长距离运输的混凝土、自流平免振混凝土、滑模施工或拉模施工的混凝土及其他需要延缓凝结时间的混凝土;缓凝高效减水剂可制备高强、高性能混凝土。

2)缓凝剂、缓凝减水剂及缓凝高效减水剂宜用于日最低气温5℃以上施工的混凝土,不宜单独用于有早强要求的混凝土及蒸养混凝土。

3)柠檬酸及酒石酸钾钠等缓凝剂不宜单独用于水泥用量较低、水胶比较大的贫混凝土。

4)当掺用含有糖类及木质素磺酸盐类物质的外加剂时应先做水泥适应性试验,合格后方可使用。

5)使用缓凝剂、缓凝减水剂及缓凝高效减水剂施工时,宜根据温度选择品种并调整掺量,满足工程要求方可使用。

6.膨胀剂

在混凝土硬化过程中,因化学作用能使混凝土产生一定体积膨胀的外加剂,称为膨胀剂。常用的膨胀剂有硫铝酸钙类、氧化钙类和硫铝酸钙-氧化钙类。

硫铝酸钙粗膨胀剂的主要成分是无水硫酸钙、明矾石、石膏等,加入混凝土拌和物后,靠自身水化或参与水泥矿物的水化,以及与水泥水化物反应等,生成三硫型水化硫铝酸钙(钙矾石),致使固相体积增加。而氧化钙类膨胀剂的主要组分,是规定温度下煅烧的石灰,当由氧化钙晶体水化形成氢氧化钙晶体后发生体积膨胀。硫铝酸钙-氧化钙类膨胀剂,则是由名称中的两种主要成分复合而成的,其膨胀源兼由钙矾石和氢氧化钙晶体生成。

膨胀剂的适用范围应符合表 3-13 的规定。

表 3-13 膨胀剂的适用范围

用　　途	适用范围
补偿收缩混凝土	地下、水中、海水中、隧道等构筑物,大体积混凝土(除大坝外),配筋路面和板、屋面与厕浴间防水构件补强、渗漏修补,预应力混凝土,回填槽等
填充用膨胀混凝土	结构后浇带、隧洞堵头、钢管与隧道之间的填充等
灌浆用膨胀砂浆	机械设备的底座灌浆,地脚螺栓的固定、梁柱接头、构件补强、加固等
自应力混凝土	仅用于常温下使用的自应力钢筋混凝土压力管

(1)含硫铝酸钙类、硫铝酸钙-氧化钙类膨胀剂的混凝土(砂浆)不得用于长期环境温度为 80℃以上的工程。

(2)含氧化钙类膨胀剂配制的混凝土(砂浆)不得用于海水中或有侵蚀性水的工程。

(3)掺膨胀剂的混凝土适用于钢筋混凝土工程和填充性混凝土工程。

(4)掺膨胀剂的大体积混凝土,其内部最高温度应符合有关标准的规定,混凝土内外温差宜小于 25℃。

(5)掺膨胀剂的补偿收缩混凝土刚性屋面宜用于南方地区,其设计、施工应按《屋面工程质量验收规范》(GB 50207—2012)执行。

(6)掺膨胀剂的混凝土的配合比设计应符合下列规定。

1)胶凝材料最少用量(水泥、膨胀剂和掺合料的总量)应符合表3-14的规定;

表 3-14   胶凝材料最少用量

用 途	胶凝材料最少用量/(kg/m³)
用于补偿收缩混凝土	300
用于后浇带、膨胀加强带和工程接缝填充	350
用于自应力混凝土	500

2)水胶比不宜大于 0.5;

3)用于有抗渗要求的补偿收缩混凝土的水泥用量应不小于 $320kg/m^3$,当掺入掺合料时,其水泥用量不应小于 $280kg/m^3$;

4)补偿收缩混凝土的膨胀剂掺量不宜大于 12%,不宜小于 6%;填充用膨胀混凝土的膨胀剂掺量不宜大于 15%,不宜小于 10%;

5)以水泥和膨胀剂为胶凝材料的混凝土。设基准混凝土配合比中水泥用量为 m_{C0}、膨胀剂取代水泥率为 K,膨胀剂用量 $m_E = m_{C0} \cdot K$,水泥用量 $m_c = m_{C0} - m_E$;

6)以水泥、掺合料和膨胀剂为胶凝材料的混凝土。设膨胀剂取代胶凝材料率为 K,设基准混凝土配合比中水泥用量为 $m_{C'}$ 和掺合料用量为 $m_{F'}$,膨胀剂用量 $m_E = (m_{C'} + m_{F'}) \cdot K$,掺合料用量 $m_F = m_{F'}(1-K)$,水泥用量 $m_C = m_{C'}(1-K)$。

7. 泵送剂

(1)混凝土原材料中掺入泵送剂,可以配制出不离析泌水,黏聚性好,和易性、可泵性好,具有一定含气量和缓凝性能的大坍落度混凝土,硬化后混凝土有足够的强度,满足多项物理力学性能要求。泵送剂可用于高层建筑、市政工程、工业和民用建筑及其他构筑物混凝土的泵送施工。由于泵送混凝土具有缓凝性能,也可用于大体积混凝土、滑模施工混凝土。

（2）水下灌注桩混凝土要求坍落度为 $180\sim220mm$，也可用泵送剂配制。

（3）泵送剂也可用于现场搅拌混凝土，用于非泵送的混凝土。

目前，我国的泵送剂中氯离子含量大都≤0.5%或≤1.0%，由泵送剂带入混凝土中的氯化物含量是极微的，因此泵送剂适用于钢筋混凝土和预应力混凝土。混凝土中氯化物（以 Cl^- 计）总含量的最高限值应执行《预拌混凝土》（GB 14902—2012）标准的规定。

8. 防水剂

（1）防水剂可用于工业与民用建筑的屋面、地下室、隧道、巷道、给排水池、水泵站等有防水抗渗要求的混凝土工程。

（2）含氯盐的防水剂可用于素混凝土、钢筋混凝土工程，严禁用于预应力混凝土工程。

9. 速凝剂

（1）速凝剂主要用于地下工程支护，还广泛用于建筑薄壳屋顶、水池、预应力油罐、边坡加固、深基坑护壁及热工窑炉的内衬、修复加固等的喷射混凝土，也可用于需要速凝的如堵漏混凝土。

（2）速凝剂掺量一般为 2%～8%，掺量可随速凝剂品种、施工温度和工程要求适当增减。

第四章 混凝土配合比知识

第一节 混凝土配合比设计要求及方法

一、混凝土配合比设计要求

普通混凝土配合比设计,一般应根据混凝土强度等级及施工所要求的混凝土拌和物坍落度(或工作度-维勃稠度)指标进行。如果混凝土还有其他技术性能要求,除在计算和试配过程中予以考虑外,尚应增添相应的试验项目,进行试验确认。

普通混凝土的基本组成材料是水泥、水、砂子和石子等。混凝土配合比设计就是根据所选用原材料的性能和对混凝土的技术要求,通过计算、试配和调整等步骤,求出各项材料的组成比例,以便制得既经济又符合质量要求的混凝土。

混凝土配合比设计应达到如下要求。

(1)满足混凝土结构设计强度要求和各种使用环境下的耐久性要求。

(2)要使混凝土拌和物具有适应施工条件的流动性(坍落度)等工作性能。

(3)对某些有特殊要求的工程,混凝土还应满足抗冻性、抗渗性等要求。

(4)要节约使用水泥和降低工程成本,以达到要求的技术经济效果。

二、混凝土配合比设计方法和步骤

1.配合比设计方法

我国现行的《普通混凝土配合比设计规程》(JGJ 55—2011)中采用了绝对体积法和假定重量法两种配合比设计方法。所谓绝对体积法(简称"体积法")是根据填充理论进行设计的。即按体积配制粗骨料,细骨料填充粗骨料空隙并考虑混凝土的工作性能确定砂率,根据强度要求及其他要求确定用胶量和水胶比的混凝土配制方法。重量法则是假定混凝土的重量,考虑混凝土不同要求,采用不同重量比的设计方法。

2.配合比设计步骤

(1)计算混凝土配制强度,并求出相应的水胶比。

(2)选取每立方米混凝土的用水量,并计算出每立方米混凝土的水泥用量。

(3)选取砂率,计算粗骨料和细骨料的用量,并提出供试配用的计算配合比。

(4)混凝土配合比试配。

(5)混凝土配合比调整。

(6)混凝土配合比确定。

(7)根据粗骨料与细骨料的实际含水量,调整计算配合比,确定混凝土施工配合比。

3.配合比设计的三个参数

混凝土的配合比设计,实质上就是确定水、有效胶凝材料、粗骨料(石子)、细骨料(砂)这四项组成材料用量之间的三个对比关系,即三个参数。即水和有效胶凝材料之间的比例——水胶比;砂和砂石子间的比例——砂率;骨料与水泥浆之间的比例——单位用水量。在配合比设计中能正确确定这三个基本参数,就能使混凝土满足配合比设计的四项基本要求。结构混凝土材料的耐久性基本要求见表4-1。

(1)水胶比:水与胶凝材料总量之间的对比关系,用水与胶凝材料用量的重量比来表示。

(2)砂率:砂子与石子之间的对比关系,用砂子重量占砂石总重的百分比来表示。

表 4-1　　　　结构混凝土材料的耐久性基本要求(设计使用年限为 50 年)

环境类别	条　　件	最大水胶比	最低强度等级	最大氯离子含量/(%)	最大碱含量/(kg/m³)
一	室内干燥环境;无侵蚀性静水浸没环境	0.60	C20	0.30	不限制

续表

环境类别	条件	最大水胶比	最低强度等级	最大氯离子含量/(%)	最大碱含量/(kg/m³)
二 a	室内潮湿环境;非严寒和非寒冷地区的露天环境;非严寒和非寒冷地区与无侵蚀性的水或土壤直接接触的环境;严寒和寒冷地区的冰冻线以下与无侵蚀性的水或土壤直接接触的环境	0.55	C25	0.20	
二 b	干湿交替环境;水位频繁变动环境;严寒和寒冷地区的露天环境;严寒和寒冷地区冰冻线以上与无侵蚀性的水或土壤直接接触的环境	0.50(0.55)	C30(C25)	0.15	3.0
三 a	严寒和寒冷地区冬季水位变动区环境;受除冰盐影响环境;海风环境	0.45(0.50)	C35(C30)	0.15	
三 b	盐渍土环境;受除冰盐作用环境;海岸环境	0.40	C40	0.10	

(3)单位用水量:水泥净浆与骨料之间的对比关系,用1m³混凝土的用水量来表示。

因此,水胶比、砂率、单位用水量就称为混凝土配合比设计的三个参数。确定混凝土配合比三个参数的原则,如图4-1所示。

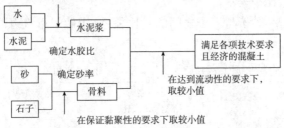

图4-1 确定混凝土配合比三个参数原则示意图

第二节　混凝土配合比参数确定

一、混凝土强度确定

1. 混凝土配制强度的规定

(1)当混凝土的设计强度等级小于 C60 时,配制强度应按式(4-1)计算。

$$f_{cu,0} \geqslant f_{cu,k} + 1.645\sigma \qquad (4-1)$$

式中　$f_{cu,0}$——混凝土配制强度(MPa);

　　　$f_{cu,k}$——混凝土立方体抗压强度标准值,这里取设计混凝土强度等级值(MPa);

　　　σ——混凝土强度标准差(MPa)。

(2)当设计强度等级大于或等于 C60 时,配制强度应按式(4-2)计算。

$$f_{cu,0} \geqslant 1.15 f_{cu,k} \qquad (4-2)$$

2. σ 的取值规定

(1)当具有近 1~3 个月的同一品种、同一强度等级混凝土的强度资料时,其混凝土强度标准差 σ 应按式(4-3)计算。

$$\sigma = \sqrt{\frac{\sum_{i=1}^{n} f_{cu,i}^2 - n m_{f_{cu}}^2}{n-1}} \qquad (4-3)$$

式中　$f_{cu,i}$——第 i 组的试件强度(MPa);

　　　$m_{f_{cu}}$——n 组试件的强度平均值(MPa);

　　　n——试件组数,n 值应大于或者等于 30。

对于强度等级不大于 C30 的混凝土:当 σ 计算值不小于 3.0MPa 时,应按式(4-3)计算结果取值;当 σ 计算值小于 3.0MPa 时,σ 应取 3.0MPa。对于强度等级大于 C30 且不大于 C60 的混凝土:当 σ 计算值不小于 4.0MPa 时,应按式(4-3)结果取值;当 σ 计算值小于 4.0MPa 时,σ 应取 4.0MPa。

(2)当没有近期的同一品种、同一强度等级混凝土的强度资料时,

其强度标准差 σ 可按表 4-2 取值。

表 4-2   标准差 σ 值   (单位:MPa)

混凝土强度标准差	≤C20	C25~C45	C50~C60
σ	4.0	5.0	6.0

二、混凝土稠度(坍落度)确定

1.混凝土的稠度(坍落度)

稠度即坍落度,干硬性混凝土的叫工作度,是混凝土和易性的重要指标。不同的坍落度见表 4-3。

一般情况下,流动性混凝土的坍落度选择100~150mm为宜。泵送高度较大以及在炎热气候下施工时可采用 150~180mm 或更大的大流动性混凝土。

表 4-3   混凝土浇筑时的坍落度   (单位:mm)

结 构 种 类	坍 落 度
基础或地面等的垫层、无配筋的大体积结构(挡土墙、基础等)或配筋稀疏的结构	10~30
板、梁和大型及中型截面的柱子等	30~50
配筋密列的结构(薄壁、斗仓、筒仓、细柱等)	50~70
配筋特密的结构	70~90

注:1.本表采用机械振捣混凝土时的坍落度,当采用人工捣实混凝土时其值可适当增大;

    2.当需要配制大坍落度混凝土时,应掺用外加剂;

    3.曲面或斜面结构混凝土的坍落度应根据实际需要另行选定;

    4.轻骨料混凝土的坍落度,宜比表中数值减少 10~20mm。

2.混凝土稠度(坍落度)分级

混凝土拌和物的稠度可采用坍落度、维勃稠度或扩展度表示。坍落度检验适用于坍落度不小于 10mm 的混凝土拌和物,维勃稠度检验适用于维勃稠度5~30s的混凝土拌和物,扩展度适用于泵送高强混凝土和自密实混凝土。坍落度、维勃稠度和扩展度的等级划分及其稠度允许偏差应分别符合表 4-4、表 4-5、表 4-6 和表 4-7 的规定。

表 4-4 混凝土拌和物的坍落度等级划分

等　　级	坍落度/mm
S1	10～40
S2	50～90
S3	100～150
S4	160～210
S5	≥220

表 4-5 混凝土拌和物的维勃稠度等级划分

等　　级	维勃稠度/s
V0	≥31
V1	30～21
V2	20～11
V3	10～6
V4	5～3

表 4-6 混凝土拌和物的扩展度等级划分

等　　级	扩展度/mm	等　　级	扩展度/mm
F1	≤340	F4	490～550
F2	350～410	F5	560～620
F3	420～480	F6	≥630

表 4-7 混凝土拌和物稠度允许偏差

拌和物性能		允　　许　　偏　　差		
坍落度/mm	设计值	≤40	50～90	≥100
	允许偏差	±10	±20	±30
维勃稠度/s	设计值	≥11	10～6	≤5
	允许偏差	±3	±2	±1
扩展度/mm	设计值	≥350		
	允许偏差	±30		

三、水泥用量

混凝土的最大水胶比和最小水泥用量,应符合表4-8的要求。

表 4-8 混凝土的最大水胶比和最小水泥用量

混凝土所处的环境条件	最大水灰比	最小水泥用量/(kg/m³)			
		普通混凝土		轻骨料混凝土	
		配筋	无筋	配筋	无筋
1. 不受雨雪影响的混凝土	不做规定	250	200	250	225
2. 受雨雪影响的露天混凝土; 3. 位于水中或水位升降范围内的混凝土; 4. 在潮湿环境中的混凝土	0.70	250	225	275	250
5. 寒冷地区水位升降范围内的混凝土; 6. 受水压作用的混凝土	0.65	275	250	300	275
7. 严寒地区水位升降范围内的混凝土	0.60	300	275	325	300

注:1. 本表中的水胶比,对普通混凝土是指水与水泥(包括外掺混合材料)用量的比值,对轻骨料混凝土是指净用水量(不包括轻骨料 1h 吸水量)与水泥(不包括外掺混合材料)用量的比值;

2. 本表中的最小水泥用量,对普通混凝土包括外掺混合材料,对轻骨料混凝土不包括外掺混合材料;当采用人工捣实混凝土时,水泥用量应增加 25kg/m³,当掺用外加剂且能有效地改善混凝土的和易性时,水泥用量可减少 25kg/m³;

3. 当混凝土强度等级低于 C10 时,可不受本表的限制;

4. 寒冷地区指最冷月份平均气温在 $-15 \sim -5$℃;严寒地区指最冷月份平均气温低于 -15℃。

四、混凝土用水量

每立方米干硬性或塑性混凝土的用水量(m_{w0})应符合下列规定。

1)混凝土水胶比在 0.40~0.80 范围时,可按表 4-9 和表 4-10 选取;

2)混凝土水胶比小于 0.40 时,可通过试验确定。

表 4-9　　　　　　　　　　　干硬性混凝土的用水量　　　　　　　（单位：kg/m³）

拌和物稠度		卵石最大公称粒径/mm			碎石最大公称粒径/mm		
项目	指标	10.0	20.0	40.0	16.0	20.0	40.0
维勃稠度/s	16～20	175	160	145	180	170	155
	11～15	180	165	150	185	175	160
	5～10	185	170	155	190	180	165

表 4-10　　　　　　　　　　　塑性混凝土的用水量　　　　　　　（单位：kg/m³）

拌和物稠度		卵石最大公称粒径/mm				碎石最大公称粒径/mm			
项目	指标	10.0	20.0	31.5	40.0	16.0	20.0	31.5	40.0
坍落度/mm	10～30	190	170	160	150	200	185	175	165
	35～50	200	180	170	160	210	195	185	175
	55～70	210	190	180	170	220	105	195	185
	75～90	215	195	185	175	230	215	205	195

注：1.本表用水量为采用中砂时的取值。采用细砂时，每立方米混凝土用水量可增加 5～
　　　10kg；采用粗砂时，可减少 5～10kg。

　　2.掺用矿物掺合料和外加剂时，用水量应相应调整。

五、混凝土用砂、石量

1.砂率

砂率是混凝土中砂的质量占砂石总质量的百分率。砂率对混凝土拌和物性能影响较大，可调整范围略宽，也关系到材料成本，因此，初步选取砂率，在试配过程中再确定合理的砂率。

（1）坍落度小于 10mm 的混凝土，其砂率应经试验确定。

（2）坍落度为 10～60mm 的混凝土，其砂率可根据粗骨料品种、最大公称粒径及水胶比按表 4-11 选取。

（3）坍落度大于 60mm 的混凝土，其砂率可经试验确定，也可在表 4-11 的基础上，按坍落度每增大 20mm 砂率增大 1% 的幅度予以调整。

表 4-11　　　　　　　　　混凝土的砂率　　　　　　　　（单位：%）

水 胶 比	卵石最大公称粒径/mm			碎石最大公称粒径/mm		
	10.0	20.0	40.0	16.0	20.0	40.0
0.40	26～32	25～31	24～30	30～35	29～34	27～32
0.50	30～35	29～34	28～33	33～38	32～37	30～35
0.60	33～38	32～37	31～36	36～41	35～40	33～38
0.70	36～41	35～40	34～39	39～44	38～43	36～41

注：1. 本表数值为中砂的选用砂率，对细砂或粗砂，可相应地减少或增大砂率；

　　2. 采用人工砂配制混凝土时，砂率可适当增大；

　　3. 只用一个单粒级粗骨料配制混凝土时，砂率应适当增大。

2. 粗、细骨料用量

在已知混凝土用水量、外加剂用量、胶凝材料用量、矿物掺合料用量、水泥用量和砂率的情况下，可用质量法和体积法求出粗、细骨料的用量。

(1)当采用质量法计算混凝土配合比时，粗、细骨料用量应按式(4-4)计算；砂率应按式(4-5)计算。

$$m_{f0} + m_{c0} + m_{g0} + m_{s0} + m_{w0} = m_{cp} \quad (4-4)$$

$$\beta_s = \frac{m_{s0}}{m_{g0} + m_{s0}} \times 100\% \quad (4-5)$$

式中　m_{g0}——计算配合比每立方米混凝土的粗骨料用量(kg/m^3)；

　　　m_{s0}——计算配合比每立方米混凝土的细骨料用量(kg/m^3)；

　　　m_{w0}——计算配合比每立方米混凝土的用水量(kg)；

　　　β_s——砂率(%)；

　　　m_{cp}——每立方米混凝土拌和物的假定质量(kg)，可取 2350～2450kg/m^3。

(2)采用体积法计算混凝土配合比时，砂率应按式(4-5)计算，粗、细骨料用量应按公式(4-6)计算。

$$\frac{m_{c0}}{\rho_c} + \frac{m_{f0}}{\rho_f} + \frac{m_{g0}}{\rho_g} + \frac{m_{s0}}{\rho_s} + \frac{m_{w0}}{\rho_w} + 0.01\alpha = 1 \quad (4-6)$$

式中　ρ_c——水泥密度(kg/m^3)，可按《水泥密度测定方法》(GB/T 208—2014)测定，也可取 2900～3100kg/m^3；

ρ_f——矿物掺合料密度（kg/m³），可按《水泥密度测定方法》（GB/T 208—2014）测定；

ρ_g——粗骨料的表观密度（kg/m³），应按《普通混凝土用砂、石质量及检验方法标准》（JGJ 52—2006）测定；

ρ_s——细骨料的表观密度（kg/m³），应按《普通混凝土用砂、石质量及检验方法标准》（JGJ 52—2006）测定；

ρ_w——水的密度（kg/m³），可取 1000kg/m³；

α——混凝土的含气量百分数，在不使用引气剂或引气型外加剂时，α 可取为 1。

与质量法比较，体积法需要测定水泥和矿物掺合料的密度以及骨料的表观密度等，对技术条件要求较高。

六、混凝土用外加剂、掺合料用量

（1）每立方米混凝土中外加剂用量（m_{a0}）应按式（4-7）计算。

$$m_{a0} = m_{b0}\beta_a \tag{4-7}$$

式中 m_{a0}——每立方米混凝土中外加剂用量（kg）；

m_{b0}——每立方米混凝土中胶凝材料用量（kg）；

β_a——外加剂掺量（%），应经混凝土试验确定。

（2）矿物掺合料用量。

1）每立方米混凝土的矿物掺合料用量（m_{f0}）应按式（4-8）计算：

$$m_{f0} = m_{b0}\beta_f \tag{4-8}$$

式中 m_{f0}——计算配合比每立方米混凝土中矿物掺合料用量（kg/m³）；

β_f——矿物掺合料掺量（%），可按表 4-12、表 4-13 以及水胶比的计算确定符合强度要求的矿物掺合料掺量 β_f。

2）根据工程所处的环境条件、结构特点，混凝土中矿物掺合料占胶凝材料总量的最大百分率（β_b）宜按表 4-12 控制。

表 4-12　　　矿物掺合料占胶凝材料总量的百分率（β_b）限值

矿物掺合料种类	水 胶 比	水 泥 品 种	
		硅酸盐水泥/（%）	普通硅酸盐水泥/（%）
粉煤灰	≤0.40	≤45	≤35
（F类Ⅰ、Ⅱ级）	>0.40	≤40	≤30

续表

矿物掺合料种类	水 胶 比	水 泥 品 种	
		硅酸盐水泥/(%)	普通硅酸盐水泥/(%)
粒化高炉矿渣粉	≤0.40	≤65	≤55
	>0.40	≤55	≤45
硅灰	—	≤10	≤10
石灰石粉	≤0.40	≤35	≤25
	>0.40	≤30	≤20
钢渣粉	—	≤30	≤20
磷渣粉	—	≤30	≤20
沸石粉	—	≤15	≤15
复合掺合料	≤0.40	≤65	≤55
	>0.40	≤55	≤45

注:1. C 类粉煤灰用于结构混凝土时,安定性应合格,其掺量应通过试验确定,但不应超过本表中 F 类粉煤灰的规定限量;对硫酸盐侵蚀环境下的混凝土不得用 C 类粉煤灰。

2. 混凝土强度等级不大于 C15 时,粉煤灰的级别和最大掺量可不受表 4-12 规定的限制。

3. 复合掺合料中各组分的掺量不宜超过任一组分单掺时的上限掺量。

七、混凝土配合比的试配

(1)混凝土试配应采用强制式搅拌机进行搅拌,并应符合《混凝土试验用搅拌机》(JG 244—2009)的规定,搅拌方法宜与施工采用的方法相同。

(2)试验室成型条件应符合《普通混凝土拌和物性能试验方法标准》(GB/T 50080—2002)的规定。

(3)如果搅拌量太小,由于混凝土拌和物浆体粘锅因素影响和体量不足等原因,使得拌和物的代表性不足。因此,每盘混凝土试配的最小搅拌量应符合表 4-13 的规定,并不应小于搅拌机公称容量的 1/4 且不应大于搅拌机公称容量。

表 4-13	混凝土试配的最小搅拌量
粗骨料最大公称粒径/mm	拌和物数量/L
≤31.5	20
40.0	25

（4）在试配过程中，首先是试拌，调整混凝土拌和物。试拌调整过程中，在计算配合比的基础上，保持水胶比不变，尽量采用较少的胶凝材料用量，以节约胶凝材料为原则，通过调整外加剂用量和砂率，使混凝土拌和物坍落度及和易性等性能满足施工要求，提出试拌配合比。

（5）在试拌配合比的基础上应进行混凝土强度试验，并应符合下列规定。

1）应至少采用三个不同的配合比。其中一个应为上一条确定的试拌配合比，另外两个配合比的水胶比宜较试拌配合比分别增加和减少0.05，用水量应与试拌配合比相同，砂率可分别增加和减少1％。

2）进行混凝土强度试验时，拌和物性能应符合设计和施工要求。

3）进行混凝土强度试验时，每个配合比应至少制作一组试件，并应标准养护到 28d 或设计规定龄期时试压。

在没有特殊规定的情况下，混凝土强度试件在 28d 龄期进行抗压试验；当规定采用 60d 或 90d 等其他龄期的设计强度时，混凝土强度试件在相应的龄期进行抗压试验。

第三节　混凝土配合比控制

一、现场混凝土配合比设计控制

（1）混凝土施工中控制材料配合比是保证混凝土质量的重要环节之一。施工配料时影响混凝土质量的因素主要有两方面：一是称量不准；二是未按砂、石骨料实际含水率的变化进行施工配合比的换算，这样必然会改变原理论配合比的水灰比、砂石比（含砂率）及浆集比。这些都将直接影响混凝土的黏聚性、流动性、密实性以及强度等级。

混凝土试验室配合比是根据完全干燥的砂、石骨料制定的，但实际使用的砂、石骨料都含有一定的水分，而且含水率又会随气候条件发生变化,特别是雨期变化更大,所以施工时应及时测定砂、石骨料的含水量,并将混凝土试验室配合比换算成骨料在实际含水量情况下的施工配合比。

水泥、砂、石子、混合料等干料的配合比,应采用重量法计算,严禁采用体积法代替重量法。混凝土原材料按重量计的允许偏差,不得超过下列规定:水泥、外掺混合料±2%;粗细骨料±3%;水、外掺剂溶液±2%。

各种衡器应定时校验,保持准确。

(2)在施工现场,取一定质量的有代表性的湿砂、湿石(石子干燥时可不测),测其含水率,则施工配合比中,每方混凝土的材料用量如下。

1)湿砂重为理论配合比中的干砂重×(1+砂子含水率);

2)湿石子重为理论配合比中的干石子重×(1+石子含水率);

3)水重为理论配合比中的水重-干砂×砂含水率-干石重×石子含水率;

4)水泥、掺合料(粉煤灰、膨胀剂)、外加剂质量同理论配合比中的质量。

(3)结合现场混凝土搅拌机的容量,计算出每盘混凝土用材料的用量,供施工时执行。

二、混凝土材料用量的计量要求

各种计量用器具应定期校验,每次使用前应进行零点校核,保持计量准确。当遇雨天或含水率有显著变化时,应增加含水率检测次数,并及时调整混凝土中的砂、石、水用量。

(1)砂石计量:用手推车上料,磅秤计量时,必须车车过磅;有储料斗及配套的计量设备,采用自动或半自动上料时,需调整好斗门关闭的提前量,以保证计量准确。

(2)水泥计量:采用袋装水泥时,应对每批进场水泥抽检10袋的质量,实际质量的平均值少于标定质量的要开袋补足;采用散装水泥时,应每盘精确计量。

(3)外加剂及掺合料计量:对于粉状的外加剂和掺合料,应按施工配合比每盘的用料,预先在外加剂和掺合料存放的仓库中进行计量,并以小包装运到搅拌地点备用;液态外加剂要随用随搅拌,并用比重计检查其浓度,用量筒计量。

(4)水计量:水必须每盘计量。

(5)混凝土原材料每盘计量的允许偏差应符合表4-14的规定。

表 4-14　　　　　　　　混凝土原材料每盘计量的允许偏差

检 查 项 目	允许偏差/(%)	检 验 方 法	检 查 数 量
	标准		
水泥、掺合料	±2		
粗、细骨料	±3	复称	每工作班抽检 不应少于一次
水、外加剂	±2		

第五章 混凝土性能及检测试验知识

第一节 混凝土的性能

一、混凝土和易性

混凝土的各组成材料,按一定比例经搅拌后尚未硬化的材料,称为混凝土拌和物(或称新拌混凝土)。拌和物的性质,将会直接影响硬化后混凝土的质量。混凝土拌和物质量的好坏,可通过和易性指标来衡量。

1. 混凝土和易性的概念

和易性是指混凝土拌和物,保持其组成成分均匀、适合于施工操作并能获得质量均匀密实的混凝土的性能,也称工作性。和易性是一项综合性技术指标,主要包括流动性、黏聚性和保水性三个方面。

(1)流动性。流动性(即稠度),是指混凝土拌和物的稀稠程度。流动性的大小,主要取决于混凝土的用水量及各材料之间的用量比例。流动性好的拌和物,施工操作方便,易于浇捣成型。

(2)黏聚性。黏聚性是指混凝土各组分之间具有一定的黏聚力,并保持整体均匀混合的性质。

拌和物的均匀性一旦受到破坏,就会产生各组分的层状分离或析出,称为分层、离析现象。分层、离析将使混凝土硬化后,产生"蜂窝""麻面"等缺陷,影响混凝土的强度和耐久性。

(3)保水性。保水性是指混凝土拌和物保持水分不易析出的能力。

若拌和物的保水性差,在运输、浇捣中,易产生泌水并聚集到混凝土表面,引起表面疏松;或聚集在骨料、钢筋下面,水分蒸发形成孔隙,削弱骨料或钢筋与水泥石的黏结力,影响混凝土的质量,如图5-1所示。拌和物的泌水尤其是对大流动性的泵送混凝土更为重要,在混凝土的施工过程中泌水过多,会使混凝土丧失流动性,从而严重影响混凝土的可泵性和工作性,会给工程质量造成严重后果。

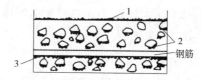

图 5-1 混凝土中泌水的不同形式

1—泌水聚集于混凝土表面;2—泌水聚集于骨料下表面;

3—泌水聚集于钢筋下面

2. 影响混凝土和易性的主要因素

(1)水泥浆量:在一定范围内,水泥浆量越多,混凝土拌和物流动性越大。但如果水泥浆量过多,不仅流动性无明显增大,反而降低黏聚性,影响施工质量。

(2)水灰比:水灰比不同,水泥浆的稀稠程度也不同。一般在水泥浆量不变的条件下,增大水灰比,即减少水泥用量或增加用水量时,水泥浆就变稀,使水泥浆的黏聚性降低,流动性增大。如水灰比过大,使水泥浆的黏聚性降低过多,就会泌水,影响混凝土质量。相反,如水灰比过小,水泥浆较稠,采用一般施工方法时也难以浇筑捣实。故水灰比不能过大,也不能过小。一般认为水灰比在 0.45～0.55 的范围内,可以得到较好的技术经济效果,和易性也比较理想。

(3)砂率:指砂的用量占砂石总用量的百分数。在一定的水泥浆量条件下,如砂率过大,则混凝土拌和物就显得干稠,流动性小;如砂率过小,砂浆量不足,不能在石子周围形成足够的砂浆层以起润滑作用,也会影响黏聚性和保水性,使拌和物显得粗涩,石子离析,水泥浆流失。为保证混凝土拌和物的质量,砂率不可过大,也不可过小,应通过试验确定最佳砂率。

此外,水泥种类和细度,石子种类及粒形和级配,以及外加剂等,都对拌和物和易性有影响。

二、坍落度法测定混凝土性能

目前,还没有一种科学的测试方法和定量指标,能完整地表达混凝土拌和物的和易性。通常采用测定混凝土拌和物的流动性或工作度(干硬度)、辅以直观评定黏聚性和保水性的方法,来评定和易性。混凝土拌和物流动性(即稠度)的大小,通过试验测其坍落度或扩展度、维勃稠度或增实因数等指标值来确定。

1.坍落度的测定方法

坍落度法是测定混凝土拌和物在自重作用下的流动性,而粘聚性和保水性则依据肉眼观察判断。

将混凝土的拌和物分三层装入用水润湿过的截头圆锥筒内,每层高度应稍大于筒高的1/3,并用弹头形捣棒插捣25次,在插捣上面两层时,应插捣至下层表面为止。插捣时不要冲击。

捣完后,刮平筒口,将圆锥筒慢慢垂直提起,将空筒放在锥体混凝土试样旁边,然后在筒顶上放一平尺,量出尺的底面至试样顶面中心之间的垂直距离(以 cm 或 mm 计),此距离即为混凝土拌和物的坍落度,如图5-2所示。

2.工作度的测定方法

混凝土的工作度也是表示混凝土拌和物和易性的一种指标。它是混凝土拌和物在振动状态下相对的流动性,适用于低流动性混凝土或干硬性混凝土。其测定方法如下。

将混凝土标准试模(200mm×200mm×200mm)固定在标准振动台上;再将底部直径略小的截头圆锥筒(除去踏板)放进标准试模内,上口放置装料漏斗(图5-3),将混凝土拌和物按坍落度试验方法分三层装捣,然后取去圆筒;开动振动台,直至模内混凝土拌和物充分展开而表面呈水平为止。从开始振动到混凝土拌和物表面形成水平时的延续时间(s),称为混凝土的工作度。

图 5-2　混凝土坍落度的测定

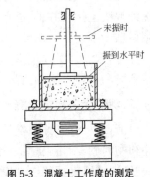

图 5-3　混凝土工作度的测定

应当注意,同一次拌和的混凝土拌和物的坍落度或工作度应测两次,取其平均值作为测定结果。每次须换用新的拌和物。如果两次测得的结果,坍落度相差 2cm 以上,工作度相差 20% 以上,则整个测定须重做。

三、混凝土凝结硬化过程中的性能

混凝土凝结硬化,主要取决于水泥的凝结与硬化过程。

1.凝结与硬化

浇筑后的混凝土,开始流动性很大,经过一定时间,逐渐失去可塑性,开始转为固体状态,称为凝结。混凝土拌和物由流动状态转而开始失去塑性,并达到初步硬化的状态,称为初凝;完全失去塑性,变成固体状态,具有一定的强度,称为终凝。在凝结过程中伴有收缩和水化升温现象。

混凝土的凝结时间,主要取决于水泥的凝结时间,同时也与外加剂、掺合料、混凝土的配合比、气候条件、施工条件等有关,其中以温度的影响最为敏感。

2.体积的收缩

混凝土的凝结时间,实践证明在温度为 20℃ 的情况下,需要 2~9h。在此期间混凝土的体积将发生急剧的初步收缩。收缩的分类如下。

(1)沉缩(又称塑性收缩):混凝土拌和物在成型之后,固体颗粒下沉,表面产生泌水,成型混凝土体积减小。在沉缩大的混凝土中,有时可能产生沉降裂缝。

(2)自生收缩(又称化学收缩):混凝土终凝后,水泥在混凝土内部密闭条件下水化,水分不蒸发时所引起的体积收缩。其裂缝称为自生收缩裂缝。

(3)干燥收缩(又称物理收缩):混凝土置于未饱和空气中,由于失水所引起的体积收缩。空气相对湿度越低,收缩发展得越快。由干缩引起的裂缝称干缩裂缝。

3.水化升温

混凝土在凝结过程中,由于水泥的水化作用将释放热量,释放出的热量称为水泥的水化热。大部分水泥的水化热在水化初期(7d)内放出,以后逐渐减少。由于水化热使混凝土出现升温现象,可促使混凝土强度的增长。但对于大体积混凝土工程是不利的。因为水化热积聚在内部不易发散,致使内外产生很大的温度差,引起内应力,从而导致产生温差裂缝。对于大体积混凝土工程,应采用低热水泥。若采用水化热较高的水泥施工,应采取必要的降温措施。

4.早期强度

混凝土硬化后,初步具有抵抗外部荷载作用的能力,称为混凝土的早期强度。混凝土的早期强度,主要与所用水泥品种、掺用的外加剂和施工环境等因素有关。如采用快硬性水泥,或掺用早强剂、减水剂,或在气温较高的条件下施工,都会使混凝土的早期强度得到提高。

四、预拌混凝土性能

预拌混凝土(又称商品混凝土)是工业化集中搅拌、商品化供应、专业化经营的混凝土。发展预拌混凝土,使混凝土工艺上了一个新的台阶,是实现建筑工业化的重要步骤。

预拌混凝土质量要求如下。

(1)强度。预拌混凝土强度要求与普通混凝土相同,应满足结构设计要求。

(2)和易性。预拌混凝土和易性要求与普通混凝土相同。为了适应施工条件的需要,要求混凝土拌和物必须具有与之相适应的和易性,包含较高的流动性以及良好的黏聚性和保水性,以保证混凝土在运输、浇筑、捣固以及停放时不发生离析、泌水现象,并且能顺利方便地进行各种操作。由于预拌混凝土在施工时主要采用混凝土泵输送,因此还要求混凝土具有良好的可泵性。而且预拌混凝土还应考虑运送、等待浇筑的时间段内的坍落度损失问题。

混凝土拌和物坍落度损失的大小与水泥的生产厂、品种、等级;与拌和物的坍落度;与环境温、湿度以及运送时间等有关。因此,混凝土拌和物的生产坍落度应比施工要求的坍落度高些,并应根据具体条件通过试验确定。

(3)含气量。预拌混凝土的含气量除应满足混凝土技术要求外,还应满足使用单位的要求。而且与购销合同规定值之差不应超过±1.5%。

(4)氯离子总含量。预拌混凝土的氯离子总含量应满足表 5-1 要求。

表 5-1　　　　　　防水(抗渗)混凝土最大水灰比

抗渗等级	最大水灰比	
	C20～C30 混凝土	C30 以上混凝土
P6	0.60	0.55
P8～P12	0.55	0.50
<P12	0.50	0.45

(5)放射性核素放射性比活度。预拌混凝土放射性核素放射性比活度应满足《建筑材料放射性核素限量》(GB 6566—2010)的规定。

(6)其他要求。当需方对混凝土其他性能有要求时,应按国家现行有关标准规定进行试验,无相应标准时应按合同规定进行试验,其结果应符合标准及合同要求。

第二节　混凝土性能试验取样和试件制作

一、混凝土试验取样

1.取样

(1)用于交货检验的混凝土试样应在交货地点取样。

(2)交货检验混凝土试样的采取和坍落度的检测应在混凝土运送到交货地点后 20min 内完成;强度试件的制作应在 40min 内完成。

(3)每个试样应随机从一盘或一运输车中抽取;混凝土试样应在卸料过程中从卸料量的1/4～3/4之间采取,拌和均匀后形成混凝土试件。

(4)每个试样的质量应满足混凝土质量检验项目所需用量的 1.5 倍,且不宜少于 0.02m³。

2.取样频率及组批原则

混凝土强度检验的试样,其取样频率和组批条件应按下列规定进行。

(1)用于交货检验的试样,每 100m³ 相同配合比的混凝土取样不得少于一次;一个工作班拌制的相同配合比的混凝土不足 100m³ 时,取样也不得少于一次。

注:当在一个分部工程中连续供应的相同配合比的混凝土的量大于 1000m³ 时,其交货检验的试样,每 200m³ 混凝土取样不得少于一次。

(2)混凝土试样的组批条件,应符合《混凝土强度检验评定标准》(GB/T 50107—2010)的规定。

(3)混凝土拌和物的质量,每车应目测检查;混凝土坍落度检验的试样,每 100m³ 相同配合比的混凝土取样检验不得少于一次,当一个工作班相同配合比的混凝土不足 100m³ 时,其取样检验也不得少于一次。

(4)混凝土拌和物的含气量、氯化物总含量和特殊要求项目的取样检验频率应按合同规定执行。

二、预拌混凝土性能检测取样

(1)混凝土搅拌前已获得由试验室负责人签发的混凝土配合比通知单。

(2)预先确定混凝土搅拌运输车的行驶线路及混凝土运输时间,保证混凝土的连续供应。混凝土搅拌运输车在运输途中,拌筒应保持 3～6r/min 的慢速转动。混凝土运输、浇筑及间歇的全部时间不应超过混凝土的初凝时间。

(3)生产单位在运送混凝土时,应随车签发预拌混凝土运输单。第一车混凝土到场应提供说明符合技术合同要求的基本技术资料(部分资料可以后补)。施工现场要认真验收核对合格后方可使用。

对于首次使用的混凝土配合比,应做好开盘鉴定,其工作性应满足设计配合比的要求,并应留取不少于两组强度试块作为验证配合比的依据。

(4)预拌混凝土生产单位与使用单位之间,应建立对混凝土质量和数量的交接验收手续。交接验收工作应在交货地点进行,生产单位和使用单位均应委派专人负责,并根据施工单位与预拌混凝土单位签订的技术合同及预拌混凝土运输单交接验收并签章,符合技术合同的混凝土,方可在工程中使用。

（5）坍落度检测：在交货地点测得的混凝土坍落度与合同规定的坍落度之差，不应超过表 5-2 所列的允许偏差。

表 5-2　　　　　　　　　　　坍落度允许偏差　　　　　　　　（单位：mm）

规定的坍落度	允许偏差
≤40	±10
50～90	±20
≥100	±30

混凝土拌和物的质量，每车应目测检查；混凝土坍落度检验的试样，每 100m³ 相同配合比的混凝土检验不得少于一次，当一个工作班相同配合比的混凝土不足 100m³ 时，其取样检验也不得少于一次。

（6）含气量：含气量与合同规定值之差不应超过 ±1.5%，取样检验频率应按合同规定执行。

（7）混凝土拌和物的含碱总量和氯化物总含量，每立方米混凝土拌和物不应大于 3kg。

（8）泵送混凝土的可泵性，可用压力泌水试验结合施工经验进行控制。一般 10s 时的相对压力泌水率 S_{10} 不宜超过 40%，满足泵送要求。

（9）其他。当工程对混凝土有其他性能要求时，应在合同中进行规定，并应按有关标准规定进行试验，其结果应符合合同规定。

三、混凝土试件制作对试模要求

1. 试件的尺寸、形状和公差

混凝土试件的尺寸应根据混凝土骨料的最大粒径按表 5-3 选用。

表 5-3　　　　　　　　　　混凝土试件尺寸选用表

试件横截面尺寸/mm	骨料最大粒径/mm	
	劈裂抗拉强度试验	其他试验
100×100	20	31.5
150×150	40	40
200×200	—	63

2. 试件的形状

抗压强度、劈裂抗压强度、轴心抗压强度、静力受压弹性模量、抗折强度试件的形状应符合表 5-4 要求。

表 5-4 试件的形状

试 验 项 目	试件形状	试件尺寸/mm	试 件 类 型
抗压强度、劈裂抗压强度试件	立方体	150×150×150	标准试件
		100×100×100	非标准试件
		200×200×200	
	圆柱体	φ150×300	标准试件
		φ100×200	非标准试件
		φ200×400	
轴心抗压强度、静力受压弹性模量试件	棱柱体	150×150×350	标准试件
		100×100×300	非标准试件
		200×200×400	
	圆柱体	φ150×300	标准试件
		φ100×200	非标准试件
		φ200×400	
抗折强度试件	棱柱体	150×150×600 (或 550)	标准试件
		100×100×400	标准试件

3.抗折强度试件

抗折强度试件尺寸应符合表 5-5 的要求。

表 5-5 抗折强度试件尺寸

试 件 形 状	试件尺寸/mm	试 件 类 型
棱柱体	150×150×600(或 550)	标准试件
	100×100×400	非标准试件

4.试件尺寸公差

(1)试件的承压面的平面公差不得超过 $0.0005d$(d 为边长)。

(2)试件的相邻面间的夹角应为 $90°$,其公差不得超过 $0.5°$。

(3)试件各边长、直径和高的尺寸的公差不得超过 1mm。

四、混凝土试件的制作、养护

1. 混凝土试件制作的要求

(1)成型前,检查试模尺寸并符合标准中的有关规定;试模内表面应涂一层矿物油,或其他不与混凝土发生反应的隔离剂。

(2)取样后应在尽量短的时间内成型,一般不超过 15min。

(3)根据混凝土拌和物的稠度确定混凝土的成型方法,坍落度不大于 70mm 的混凝土宜用振动台振实;大于 70mm 的宜用捣棒人工捣实。

2. 混凝土试件制作

取样或拌制好的混凝土拌和物应至少用铁锹再来回拌和 3 次。

(1)用振动台振实制作试件的方法。

1)将混凝土拌和物一次装入试模,装料时应用抹刀沿各试模壁插捣,并使混凝土拌和物高出试模口。

2)试模应附着或固定在振动台上,振动时试模不得有任何跳动,振动应持续到表面出浆为止;不得过振。

(2)用人工插捣制作试件的方法。

1)混凝土拌和物应分两层装入模内,每层的装料厚度大致相等。

2)插捣应按螺旋方向从边缘向中心均匀进行。在插捣底层混凝土时,捣棒应达到试模底部;插捣上层时捣棒应贯穿上层后插入下层 20～30mm;插捣时捣棒应保持垂直,不得倾斜。然后应用抹刀沿试模内壁插捣数次。

3)每层插捣次数按在 10000mm^2 截面内不得少于 12 次确定。

4)插捣后应用橡皮锤轻轻敲击试模四周,直到插捣棒留下的空洞消失为止。

(3)用插入式振捣棒振实制作试件的方法。

1)将混凝土拌和物一次装入试模,装料时应用抹刀沿各试模壁插捣,并使混凝土拌和物高出试模口。

2)宜用直径为 25mm 的插入式振捣棒,插入试模振动时,振捣棒距试模底板 10～20mm 且不得触及试模底板,振动应持续到表面出浆为止,且应避免过振,以防止混凝土离析;一般振捣时间为 20s,振捣棒拔出时要缓慢,拔出后不得留有孔洞。

3. 刮除试模上口多余的混凝土

刮除试模上口多余的混凝土,待混凝土临近初凝时,用抹刀抹平。

4. 混凝土试件的养护

(1)试件成型后应立即用不透水的薄膜覆盖表面。

1)采用标准养护的试件,应在温度为(20 ± 5)℃的环境中静置 1 昼夜至 2 昼夜,然后编号、拆模。拆模后应立即放入温度为(20 ± 2)℃,相对湿度为 95％以上的标准养护室中养护,也可在温度为(20 ± 2)℃的不流动的 $Ca(OH)_2$ 饱和溶液中或水中养护。标准养护室内的试件应放在支架上,彼此间隔 $10\sim20mm$,试件表面应保持潮湿,并不得被水直接冲淋。

2)同条件养护试件的拆模时间可与实际构件的拆模时间相同,拆模后,试件仍需保持同条件养护。

(2)标准养护龄期为 28d(从搅拌加水开始计)。

第六章 混凝土工程施工质量安全知识

第一节 混凝土工程施工质量知识

一、混凝土工程施工质量验收要求

混凝土工程施工质量验收,应按照国家标准《建筑工程施工质量验收统一标准》(GB 50300—2013)和《混凝土结构工程施工质量验收规范》(GB 50204—2015)的相关要求执行。

二、混凝土工程应注意的常见质量问题

1. 混凝土现场拌制

(1)在混凝土拌制阶段应注意控制各种原材料的质量,严格按配合比拌制混凝土,确保原材料计量准确,以防止混凝土强度达不到设计要求。

(2)为防止混凝土产生裂缝,应根据混凝土应用范围和特点,合理选择原材料,严格控制粗细骨料的含泥量;在炎热季节要采取措施,降低混凝土的浇筑温度;冬期应按冬期施工要求拌制混凝土。

(3)为保证拌和物的和易性和坍落度,现场拌制混凝土时,应严格控制水灰比;石子和砂应级配良好,注意控制石子的针、片状颗粒的含量;按有关规定和试配要求控制拌和物的搅拌时间和外加剂的掺量。

(4)为防止冬期施工混凝土发生冻害,应严格执行冬施施工的有关规定,在混凝土拌制阶段应对骨料和水进行加热,保证混凝土的出机温度和入模温度。

(5)轻骨料混凝土拌和物骨料离析上浮、坍落度损失过大:轻骨料混凝土搅拌时,尽量采用预湿处理,以使轻骨料充分湿润。使用未预湿骨料时,外加剂应与剩余水同时加入,避免骨料孔隙对外加剂过多地吸收。粉状外加剂可制成液态按前法加入,也可与水泥混合物同时加入,

以保证其搅拌均匀。

2.预拌混凝土泵送

(1)防止堵泵。

1)加强混凝土搅拌、运输过程的质量控制,确保混凝土坍落度、和易性、可泵性等技术指标满足要求。

2)合理布置泵送管道并进行充分润滑。

3)泵管堵塞后首先反复进行反泵和正泵,逐步吸出混凝土至料斗中,重新搅拌再泵送或者用木槌敲击的方法查明堵塞部位,再反复进行反泵和正泵,排除堵塞。当上述方法无效时,在混凝土卸压后,拆除堵塞的管道并排除混凝土,接通输送管。重新泵送前,先将空气排除,拧紧接头。

(2)应确保模板和支撑有足够的强度、刚度和稳定性,模板设计时应有受力计算。施工过程中应控制浇筑速度,设专人监护模板,保护钢筋。一旦模板或钢筋骨架发生变形或位移,应及时纠正、加固。

(3)当混凝土可泵性差,出现泌水、离析、难以泵送和浇灌时,应立即对配合比、混凝土泵、配管、泵送工艺等重新进行研究,并采取相应措施。

(4)根据浇筑方案预先设计混凝土初凝时间,组织好混凝土供应,保证连续浇筑,合理组织布料。分层浇筑时,在底层混凝土初凝前及时浇筑上层混凝土,振捣棒插入下层混凝土不少于 50mm,防止混凝土出现施工冷缝。

3.现浇混凝土结构施工

(1)蜂窝:原因是混凝土一次下料过厚,振捣不实或漏振,模板有缝隙水泥浆流失,钢筋较密而混凝土坍落度过小或石子过大,柱、墙根部模板有缝隙,以致混凝土中的砂浆从下部涌出。

(2)露筋:原因是钢筋垫块位移、间距过大、漏放,钢筋紧贴模板造成露筋,或梁、板底部振捣不实也可能造成出现露筋。

(3)麻面:拆模过早或模板表面漏刷隔离剂或模板湿润不够,构件表面混凝土易黏附在模板上造成麻面胶皮。

(4)孔洞:原因是钢筋较密集的部位混凝土被卡,未经振捣就继续浇筑上层混凝土。

(5)缝隙与夹渣层:施工缝处杂物清理不净或未浇底浆等易造成缝隙、夹渣层。

(6)梁、柱连接处断面尺寸偏差过大:主要原因是柱接头模板刚度差或支此部位模板时未认真控制断面尺寸。

(7)现浇楼板面和楼梯踏步上表面平整度偏差太大:主要原因是混凝土浇筑后,表面未用抹子认真抹平。冬期施工在覆盖保温层时上人过早或未垫板进行操作。

4.大体积混凝土施工

(1)温度裂缝。施工方案应有混凝土温升和应力计算及控制措施,从材料选用、配合比设计、浇筑方法、养护等环节严格执行方案,提高混凝土抗裂性,尽量降低混凝土绝对温升,控制温差和降温速率。

(2)混凝土表面产生干缩裂缝。在混凝土表面找平、压实后,应将其表面产生的泌水及时排出,进行二次压实,及时覆盖防止暴晒、风吹造成表层失水。

(3)混凝土产生施工冷缝。应做好大体积混凝土施工方案;合理分层分块浇筑,适当延长混凝土初凝时间。施工过程中在下层混凝土初凝前,及时进行上层混凝土浇筑,且使振捣棒插入下层混凝土50mm左右。

(4)混凝土内部裂缝。施工方案应考虑外部约束力,并应使混凝土龄期的抗拉强度大于约束力。

5.混凝土冬、雨期施工

(1)冬期施工。

1)检查外加剂质量及掺量。商品外加剂进入施工现场后应进行抽样检验,合格后方准使用。

2)检查水、骨料、外加剂溶液和混凝土出罐及浇筑时的温度。

3)检查混凝土从入模到拆除保温层或保温模板期间的温度。严格控制混凝土拆除保温层和拆模的时间,当温度为 $-8 \sim -5 ℃$ 时,拆模板时间不少于48h;当温度为 $-12 \sim -8 ℃$ 时,拆模板时间不少于72h;拆模强度不小于 $4N/mm^2$,模板及混凝土的保温覆盖要及时有效。

4)检查混凝土表面是否受冻、拆模是否有粘连、有无受冻收缩裂缝,拆模时混凝土边角是否脱落,施工缝处有无受冻痕迹。

5)检查同条件养护试块的养护条件是否与施工现场结构养护条件相一致。

6)采用成熟度法确定混凝土强度时,检查测温记录与计算公式要求是否相符,有无差错。

7)采用电加热养护时,应检查供电变压器二次电压和二次电流强度,每一工作班不应少于两次。

8)混凝土养护温度的测量,当采用蓄热法养护时,每 6h 测量 1 次;掺用防冻剂的混凝土,在强度未达到 4MPa 以前每 2h 测量 1 次,以后每 6h 测量 1 次;测量孔均应编号并绘制测量孔布置图,温度计测温每孔时间不少于 3min。

(2)雨期施工。

1)认真进行现场准备、技术准备和材料准备,保证各项工作满足雨期施工的要求。

2)各专业工长在雨期施工前应结合本工种雨期施工特点,编制技术交底,在作业前向工人交代清楚。

3)严格执行规范和工艺标准要求,做好工种自检、工序接检。

4)做好雨期施工的中间检查,保证施工各项工作的保障能力达到要求。

三、混凝土工程成品保护措施

1. 混凝土现场拌制

(1)现场拌制的混凝土运输到浇筑地点后应及时浇筑,不得在已拌制的混凝土中加水,以确保混凝土质量。

(2)现场拌制的轻骨料混凝土运输到浇筑地点后应及时浇筑,不得任意在轻骨料混凝土中加水,以确保轻骨料混凝土的强度等级。当坍落度损失较大时可采取在卸料前掺入适量减水剂进行搅拌的措施,满足施工所需和易性要求。

(3)混凝土浇筑地点应备有专用的盛装混凝土容器。外溢被污染的混凝土不得使用。

2.预拌混凝土泵送

(1)泵送混凝土时,不得直冲钢筋、模板及预埋件进行布料,以保证位置准确,不发生位移。

(2)泵送混凝土时,对墙面、柱面、楼面上污染的混凝土应在未凝结前及时清走并用拖布清理干净。

(3)当浇筑楼板混凝土时,输送管应铺设在马凳上,马凳支设在模板表面,且支腿下垫木板。输送管禁止直接铺在楼板钢筋上。当采用布料杆布料时,布料杆应安放在作业平台上,平台支设在模板表面,支腿下垫木板。拟设置作业平台部位的模板支撑体系应予以加固。

(4)当采用布料杆布料时,应对布料软管采取有效的控制措施,禁止布料时摆动冲撞钢筋、模板。

3.现浇混凝土结构

(1)浇筑混凝土时,要保证钢筋和垫块的位置正确,防止踩踏楼板、楼梯弯起负筋,碰动插筋和预埋铁件,保证插筋、预埋铁件位置正确。

(2)不得用重物冲击模板,不在梁或楼梯踏步模板吊帮上蹬踩,应搭设跳板,保护模板的牢固和严密。

(3)已浇筑混凝土要加以保护,必须在混凝土强度达到不掉棱时方准进行拆模操作。

(4)不得任意拆改大模板的连接件及螺栓,以保证大模板的外形尺寸准确。

(5)混凝土浇筑、振捣至最后完工时,要保证留出钢筋的位置正确。

(6)应保护好预留洞口、预埋件及水电预埋管、盒等。

(7)混凝土浇筑完后,待其强度达到1.2MPa以上,方可在其上进行下一道工序的施工和堆放少量物品。

(8)冬期施工,在楼板上铺设保温材料覆盖时,要铺设脚手板,避免直接踩踏出现较深脚印或凹陷。

(9)已浇筑楼板、楼梯踏步的上表面混凝土要加以保护,必须在混凝土强度达到1.2MPa以后,方准在面上进行操作及安装结构用的支架和模板。

(10)基础中预留的暖卫、电气暗管,地脚螺栓及插筋,在浇筑混凝土过程中,不得碰撞,或使其产生位移。

(11)基础内应按设计要求预留孔洞或埋设螺栓和预埋铁件,不得以后凿洞埋设。

(12)基础、地下室及大型设备基础浇筑完成后,应及时回填四周基坑土方,避免长期暴露出现干缩裂缝。

(13)墙、柱阳角拆模后,必要时在 2m 高度范围内采用可靠的护角保护。

4. 大体积混凝土施工

(1)要保证钢筋、模板及预埋件位置准确,振捣混凝土时禁止碰撞以免移位。

(2)浇筑混凝土前将预留插筋用编织布等包裹封闭,避免被混凝土浆污染。

(3)混凝土不慎被污染的部位应在其凝结前清理干净。

(4)已浇筑混凝土表面应加以保护,必须在混凝土强度达到1.2MPa后,才允许在其表面安装模板、支架及其他重物。

(5)混凝土表面进行覆盖养护时,操作人员应站在木板或脚手板上进行,避免踩踏混凝土面。

5. 混凝土冬、雨期施工

(1)混凝土冬期施工。

1)大模板背面用作保温的聚苯板要固定牢靠,保持完好,可加设覆盖保护层以防脱落。

2)在已浇筑的楼板上测温、覆盖时,要在铺好的脚手板上操作。避免踩踏形成脚印。

(2)混凝土雨期施工。为防止雨水从各层顶板后浇带处及各层楼板留洞处流到地下室和底板后浇带中,致使底板后浇带中的钢筋由于长期遭水浸泡而生锈,地下室顶板上的后浇带可用竹胶板进行封闭,竹胶板上覆盖彩条布。而各层洞口周围宜加盖板。楼梯间处可设临时挡雨棚或在底板上临时留集水坑以便抽水。

第二节　混凝土工程施工安全知识

一、现场施工安全管理基本知识

生产安全与质量对建筑施工企业同等重要。建筑施工企业必须设有专门的安全生产职能部门，采用有力措施，强化职工的安全意识。建筑施工安全管理的主要任务有以下几个方面。

1. 强化安全法规常识

(1)工人上岗前必须签订劳动合同。《中华人民共和国劳动法》规定："建立劳动关系应当订立书面劳动合同。"

(2)工人上岗前的"三级"安全教育。新进场的劳动者必须经过上岗前的"三级"安全教育，即公司教育、项目教育和班组教育。

(3)重新上岗、转岗应再次接受安全教育。转换工作岗位和离岗后重新上岗的人员，必须再次接受三级安全教育后才允许上岗工作。

(4)必须佩戴上岗证。进入施工现场的人员，胸前都必须佩戴安全上岗证，证明已经受过安全生产教育，考试合格。

(5)特种作业人员必须经过专门安全培训并取得特种作业资格。特种作业是指对操作者本人和其他工种作业人员以及周围设施的安全有重大危害因素的作业。

(6)发生事故要立即报告。发生事故要立即向上级报告，不得隐瞒不报。

2. 加强劳动保护，确保施工安全

(1)进入施工现场必须正确戴好安全帽。

(2)凡直接从事带电作业的劳动者，必须穿绝缘鞋，戴绝缘手套，防止发生触电事故。从事电、气焊作业的电、气焊工人，必须戴电、气焊手套，穿绝缘鞋和使用护目镜及防护面罩。

3. 加强临时用电安全管理

(1)电气设备和线路必须绝缘良好。施工现场所有电气设备和线路的绝缘必须良好，接头不准裸露。当发现有接头裸露或破皮漏电时，应及时报告,不得擅自处理以免发生触电事故。

(2)用电设备要一机一闸,一漏一箱。施工现场的每台用电设备都应该有自己专用的开关箱,箱内刀闸(开关)及漏电保护器只能控制一台设备,不能同时控制两台或两台以上的设备,否则容易发生误操作事故。

(3)电动机械设备的检查。现场的电动机械设备包括电锯、电刨、电钻、卷扬机、搅拌机、钢筋切断机、钢筋拉伸机等。为了确保运行的安全,作业前必须按规定进行检查,试运转;作业完,拉闸断电,锁好电闸箱,防止发生意外事故。

(4)施工现场安全电压照明。施工现场室内的照明线路与灯具的安装高度低于2.4m时,应采用36V安全电压。

施工现场使用的手持照明灯(行灯)的电压应采用36V安全电压。在36V电线上也严禁乱搭乱挂。

4.加强高处作业安全管理

(1)遇到大雾、大雨和6级以上大风时,禁止高处作业。高处作业时,脚手板的宽度不得小于20cm。

(2)高处作业人员要经医生检查身体素质合格后才准上岗,作业人员在进行上下立体交叉作业时,不得在同一垂直面上作业。下层作业位置必须处于上层作业时物体可能坠落范围之外,当不能满足时,上下层之间应设隔离防护层,下方操作人员必须戴安全帽。

5.加强垂直运输设备的安全管理

(1)使用龙门架、井字架运散料时应将散料装箱或装笼。运长料时,不得超出吊篮;在吊篮内立放时,应捆绑牢固,防止坠落伤人。

(2)外用电梯禁止超载运行。外用电梯为人、货两用电梯。限定载人数量及载物重量的标牌应悬挂在明显处,以便提醒乘梯人员及运送物料不得超限。同时,司机也要注意观察上人和上料情况,防止超载运行。

6.抓好现场文明施工管理

施工现场应当实现科学管理,文明施工,安全生产,确保施工人员的安全和健康。

(1)施工现场必须严格执行安全交底制度。每道施工工序作业前,都要进行安全技术交底。

(2)材料要分规格、种类堆放,不得侵占现场道路。

(3)施工现场危险位置应悬挂相应的安全标志。

(4)作业现场要做到"活完场清、工完料净"。

(5)注意保持环境整洁。

二、现场施工安全操作基本规定

1.杜绝"三违"现象

员工遵章守纪,是实现安全生产的基础。员工在生产过程中,不仅要有熟练的技术,而且必须自觉遵守各项操作规程和劳动纪律,远离"三违"。即违章指挥、违章操作、违反劳动纪律。

(1)违章指挥:企业负责人和有关管理人员法制观念淡薄,缺乏安全知识,存有侥幸心理,对国家、集体的财产安全和人民群众的生命安全不负责任。明知不符合安全生产有关条件,仍指挥作业人员冒险作业。

(2)违章操作:作业人员没有安全生产常识,不懂安全生产规章制度和操作规程,或者在知道基本安全知识的情况下,在作业过程中,违反安全生产规章制度和操作规程,不顾国家、集体的财产安全和他人、自己的生命安全,擅自作业,冒险蛮干。

(3)违反劳动纪律:上班时不知道劳动纪律,或者不遵守劳动纪律,违反劳动纪律进行冒险作业,造成不安全因素。

2.牢记"三宝"和"四口""五临边"

(1)"三宝"指安全帽、安全带、安全网。安全帽、安全带、安全网是工人的三件宝,只有正确佩戴和使用,才可以保证个人安全。

(2)"四口"指楼梯口、电梯井口、预留洞口、通道口。"五临边"是指"尚未安装栏杆的阳台周边,无外架防护的层面周边,框架工程楼层周边,上下跑道及斜道的两侧边,卸料平台的侧边"。

"四口、五临边"是施工现场最危险和最容易发生事故的地方,因此对施工现场重要危险部位进行正确的防护,可以有效地减少事故发生,为工人作业提供一个安全的环境。

3. 做到"三不伤害"

是指"不伤害自己,不伤害他人,不被他人伤害"。

施工现场每一个操作人员和管理人员都要增强自我保护意识,同时也要对安全生产自觉负起监督的责任,才能达到开展全员安全的目的。

施工时经常有上、下层或者不同工种、不同队伍互相交叉作业的情况,大家要避免这时候发生危险。相互间协调好,上层作业时,要对作业区域进行围蔽,有人值守,防止人员进入作业区下方。此外落物伤人,也是工地经常发生的事故之一,大家时刻记住,进入施工现场,一定要戴好安全帽。作业过程中,观察周围,不伤害他人,也不被他人伤害,这是工地安全的基本原则。自己不违章,只能保证不伤害自己,不伤害别人。要做到不被别人伤害,这就要求我们要及时制止他人违章,制止他人违章既保护了自己,也保护了他人。

4. 加强"三懂三会"能力

即懂得本岗位和部门有什么火灾危险,懂得灭火知识,懂得预防措施;会报火警,会使用灭火器材,会处理初起火灾。

5. 掌握"十项安全技术措施"

(1)按规定使用安全"三宝"。

(2)机械设备防护装置一定要齐全有效。

(3)塔吊等起重设备必须有限位保险装置,不准"带病"运转,不准超负荷作业,不准在运转中维修保养。

(4)架设电线线路必须符合当地电力局的规定,电气设备必须全部接零、接地。

(5)电动机械和手持电动工具要设置漏电保护器。

(6)脚手架材料及脚手架的搭设必须符合规程要求。

(7)各种缆风绳及其设置必须符合规程要求。

(8)在建工程的楼梯口、电梯口、预留洞口、通道口,必须有防护设施。

(9)严禁赤脚或穿高跟鞋、拖鞋进入施工现场,高空作业不准穿硬底和带钉易滑的鞋靴。

(10)施工现场的悬崖、陡坎等危险地区应设警戒标志,夜间要设红灯示警。

6.施工现场行走或上下的"十不准"

(1)不准从正在起吊、运吊中的物件下通过。

(2)不准从高处往下跳或奔跑作业。

(3)不准在没有防护的外墙和外壁板等建筑物上行走。

(4)不准站在小推车等不稳定的物体上操作。

(5)不得攀登起重臂、绳索、脚手架、井字架、龙门架和随同运料的吊盘及吊装物上下。

(6)不准进入挂有"禁止出入"或设有危险警示标志的区域、场所。

(7)不准在重要的运输通道或上下行走通道上逗留。

(8)未经允许不准私自进入非本单位作业区域或管理区域,尤其是存有易燃易爆物品的场所。

(9)严禁在无照明设施,无足够采光条件的区域、场所内行走、逗留。

(10)不准无关人员进入施工现场。

7.做到"十不盲目操作"

做到"十不盲目操作",是防止违章和避免发生事故的基本操作要求。

(1)新工人未经三级安全教育,复工、换岗人员未经岗位安全教育,不盲目操作。

(2)特殊工种人员、机械操作工未经专门安全培训,无有效安全上岗操作证,不盲目操作。

(3)施工环境和作业对象情况不清,施工前无安全措施或作业安全交底不清,不盲目操作。

(4)新技术、新工艺、新设备、新材料、新岗位无安全措施,未进行安全培训教育、交底,不盲目操作。

(5)安全帽和作业所必须的个人防护用品不落实,不盲目操作。

(6)脚手架、吊篮、塔吊、井字架、龙门架、外用电梯、起重机械、电焊机、钢筋加工机械、木工平刨、圆盘锯、搅拌机、打桩机等设施设备和现浇混凝土模板支撑搭设安装后,未经验收合格,不盲目操作。

(7)作业场所安全防护措施不落实,安全隐患不排除,威胁人身和国家财产安全时,不盲目操作。

(8)管理人员违章指挥,有冒险作业情况时,不盲目操作。

(9)进行高处作业、带电作业、禁火区作业、易燃易爆作业、爆破性作业、有中毒或窒息危险的作业和科研实验等其他危险作业,均应由上级指派,并经安全交底;未经指派、未经安全交底和无安全防护措施,不盲目操作。

(10)隐患未排除,有自己伤害自己、自己伤害他人、自己被他人伤害的不安全因素存在时,不盲目操作。

8."防止坠落和物体打击"的十项安全要求

(1)高处作业人员必须着装整齐,严禁穿硬塑料底的易滑鞋、高跟鞋等,工具应随手放入工具袋中。

(2)高处作业人员严禁相互打闹,以免失足发生坠落。

(3)在进行攀登作业时,攀登用具结构必须牢固可靠,使用必须正确。

(4)各类手持机具使用前应检查,确保安全牢靠。洞口、临边作业应防止物件坠落。

(5)施工人员应从规定的通道上下,不得攀爬脚手架、跨越阳台,在非规定通道进行攀登、行走。

(6)进行悬空作业时,应有牢靠的立足点并正确系挂安全带;现场应视具体情况配置防护栏网、栏杆或其他安全设施。

(7)高处作业时,所有物料应该堆放平稳,不可放置在临边处或洞口附近,并不可妨碍通行。

(8)高处拆除作业时,对拆卸下的物料、建筑垃圾都要加以清理和及时运走,不得在走道上任意堆放或向下丢弃,保持作业走道畅通。

(9)高处作业时,不准往下或向上乱抛材料和工具等物件。

(10)各施工作业场所内,凡有坠落可能的任何物料,都应先行撤除或加以固定,拆卸作业要在设有禁区、有人监护的条件下进行。

9.防止机械伤害的"一禁、二必须、三定、四不准"

(1)一禁。不懂电器和机械的人员严禁使用和摆弄机电设备。

(2)二必须。

1)机电设备应完好,必须有可靠有效的安全防护装置。

2)机电设备停电、停工休息时必须拉闸关机,按要求上锁。

(3)三定。

1)机电设备应做到定人操作,定人保养、检查。

2)机电设备应做到定机管理、定期保养。

3)机电设备管理应做到定岗位和岗位职责。

(4)四不准。

1)机电设备不准带病运转。

2)机电设备不准超负荷运转。

3)机电设备不准在运转时维修保养。

4)机电设备运行时,操作人员不准将头、手、身伸入运转的机械行程范围内。

10."防止车辆伤害"的十项安全要求

(1)非经劳动、公安交通部门培训合格持证的人员,不熟悉车辆性能者不得驾驶车辆。

(2)应坚持做好例保工作,车辆制动器、喇叭、转向系统、车灯等影响安全的部件如作用不良不准出车。

(3)严禁翻斗车、自卸车车厢乘人,严禁人货混装,车辆载货应不超载、超高、超宽,捆扎牢固可靠,应防止车内物体失稳跌落伤人。

(4)乘坐车辆应坐在安全处,头、手、身不得露出车厢外,要避免在车辆启动、制动时跌倒。

(5)车辆进出施工现场,在场内掉头、倒车,在狭窄场地行驶时应有专人指挥。

(6)现场行车进场要减速,并做到"四慢",即道路情况不明要慢,线路不良要慢,起步、会车、停车要慢,在狭路、桥梁弯路、坡路、岔道、行人拥挤地点及出入大门时要慢。

(7)在临近机动车道的作业区和脚手架等设施处,以及在道路中的路障处应加设安全色标、安全标志和防护措施,并要确保夜间有充足的照明。

(8)装卸车作业时,若车辆停在坡道上,应在车轮两侧用楔形木块加以固定。

(9)人员在场内机动车道应避免右侧行走,并做到不平排结队,以防有碍交通;避让车辆时,应不避让于两车交会处,不站于旁有堆物无法退让的死角。

(10)机动车辆不得牵引无制动装置的车辆,牵引物体时物体上不得有人,人不得进入正在牵引的物与车之间,坡道上牵引时,车和被牵引物下方不得有人作业和停留。

11.“防止触电伤害”十项安全操作要求

根据安全用电“装得安全、拆得彻底、用得正确、修得及时”的基本要求,为防止触电伤害的操作要求如下。

(1)非电工严禁拆接电气线路、插头、插座、电气设备、电灯等。

(2)使用电气设备前必须要检查线路、插头、插座、漏电保护装置是否完好。

(3)电气线路或机具发生故障时,应找电工处理,非电工不得自行修理或排除故障。

(4)使用振动器等手持电动机械和其他电动机械从事湿作业时,要由电工接好电源,安装上漏电保护器,操作者必须穿戴好绝缘鞋、绝缘手套后再进行作业。

(5)搬迁或移动电气设备必须先切断电源。

(6)搬运钢筋、钢管及其他金属物时,严禁触碰到电线。

(7)禁止在电线上挂晒物料。

(8)禁止使用照明器烘烤、取暖,禁止擅自使用电炉和其他电加热器。

(9)在架空输电线路附近工作时,应停止输电,不能停电时,应有隔离措施,要保持安全距离,防止触碰。

(10)电线必须架空,不得在地面、施工楼面随意乱拖,若必须通过地面、楼面时应有过路保护,物料、车、人不准踏碾电线。

12.施工现场防火安全规定

(1)施工现场要有明显的防火宣传标志。

（2）施工现场必须设置临时消防车道。其宽度不得小于 3.5m，并保证临时消防车道的畅通，禁止在临时消防车道上堆物、堆料，挤占临时消防车道。

（3）施工现场必须配备消防器材，做到布局合理。要害部位应配备不少于 4 具的灭火器，要有明显的防火标志，并经常检查、维护、保养，保证灭火器材灵敏有效。

（4）施工现场消火栓应布局合理，消防干管直径不小于 100mm，消火栓处昼夜要设有明显标志，配备足够长的水龙带，周围 3m 内不准存放物品。地下消火栓布置必须符合防火规范。

（5）高度超过 24m 的建筑工程，应安装临时消防竖管。管径不得小于 75mm，每层设消火栓口，配备足够长的水龙带。消防用水要保证足够的水源和水压，严禁消防竖管用作施工用水管线。消防泵房应使用非燃材料建造，位置设置合理，便于操作，并设专人管理，保证消防供水。消防泵的专用配电线路应引自施工现场总断路器的上端，要保证连续不间断供电。

（6）电焊工、气焊工从事电气设备安装的电、气焊切割作业，要有操作证和用火证。用火前，要对易燃、可燃物采取清除、隔离等措施，配备看火人员和灭火器具，作业后必须确认无火灾隐患后方可离去。用火证当日有效。用火地点变换，要重新办理用火证。

（7）氧气瓶、乙炔瓶工作间距不小于 5m，两瓶与明火作业距离不小于 10m。建筑工程内禁止氧气瓶、乙炔瓶存放，禁止使用液化石油气"钢瓶"。

（8）施工现场使用的电气设备必须符合防火要求。临时用电必须安装过载保护装置，电闸箱内不准有易燃、可燃材料。严禁超负荷使用电气设备。

（9）施工材料的存放、使用应符合防火要求。库房应采用非燃材料支搭，易燃易爆物品应专库储存，分类单独存放，保持通风，用电符合防火规定。不准在工程内、库房内调配油漆、烯料。

（10）工程不准作为仓库使用，不准存放易燃、可燃材料，因施工需要进入工程内部的可燃材料，要根据工程计划限量进入并采取可靠的防火措施。废弃材料应及时清除。

(11)施工现场使用的安全网、密目式防尘网、保温材料,必须符合消防安全规定,不得使用易燃、可燃材料。

(12)施工现场严禁吸烟,不得在建设工程内部设置宿舍。

(13)施工现场和生活区,未经有关部门批准不得使用电热器具。严禁工程中明火保温施工及宿舍内明火取暖。

(14)从事油漆粉刷或防水施工等危险作业时,要有具体的防火要求,必要时派专人看护。

(15)生活区的设置必须符合消防管理规定。严禁使用可燃材料搭设,宿舍内不得卧床吸烟,房间内住 20 人以上时必须设置不少于 2 处的安全门,居住 100 人以上,要有消防安全通道及人员疏散预案。

(16)生活区的用电要符合防火规定。食堂使用的燃料必须符合使用规定,用火点和燃料不能在同一房间内,使用时要有专人管理,停火时将总开关关闭,经常检查有无泄漏。

三、混凝土工安全操作要求

1. 材料运输安全操作规程

(1)搬运袋装水泥时,必须逐层从上往下阶梯式搬运,严禁从下抽拿。存放水泥时,必须压碴码放,并不得码放过高(一般不超过 10 袋为宜)。水泥码放不得靠近墙壁。

(2)使用手推车运料,向搅拌机料斗内倒砂石时,应设挡掩,不得撒把倒料;运送混凝土时,装运混凝土量应低于车厢 5~10cm。不得抢跑,空车应让重车;并及时清扫遗撒落地的材料,保持现场环境整洁。

(3)使用井架、龙门架、外用电梯运送混凝土时,车把不得超出吊盘(笼)以外,车轮挡掩,稳起稳落;用塔吊运送混凝土时,小车必须焊有牢固吊环,吊点不得少于 4 个,并保持车身平衡;使用专用吊斗时吊环应牢固可靠,吊、索具应符合起重机械安全规程要求。

2. 混凝土浇灌安全操作规程

(1)浇灌混凝土使用的溜槽节间必须连接牢靠,操作部位应设护身栏杆,不得直接站在溜槽帮上操作。

(2)浇灌高度 2m 以上的框架梁、柱混凝土应搭设操作平台,不得站在模板或支撑上操作。不得直接在钢筋上踩踏、行走。

（3）浇灌拱形结构，应自两边拱脚对称同时进行；浇灌圈梁、雨篷、阳台应设置安全防护设施。

（4）使用输送泵输送混凝土时，应由 2 名以上人员牵引布料杆。管道接头、安全阀、管架等必须安装牢固，输送前应试送，检修时必须卸压。

（5）预应力灌浆应严格按照规定压力进行，输浆管道应畅通，阀门接头应严密牢固。

（6）混凝土振动器使用前必须经电工检验确认合格后方可使用。开关箱内必须装设漏电保护器，插座、插头应完好无损，电源线不得破皮漏电；操作者必须穿绝缘鞋（胶鞋），戴绝缘手套。

3.混凝土养护安全操作规程

（1）使用覆盖物养护混凝土时，预留孔洞必须按规定设牢固盖板或围栏，并设安全标志。

（2）使用电热法养护应设警示牌、围栏，无关人员不得进入养护区域。

（3）用软管浇水养护时，应将水管接头连接牢固，移动皮管不得猛拽，不得倒行拉移皮管。

（4）采用蒸汽养护时，操作和冬施测温人员，不得在混凝土养护坑（池）边沿站立和行走。应注意脚下孔洞与磕绊物等。

（5）覆盖物养护材料使用完毕后，必须及时清理并存放到指定地点，码放整齐。

下篇

混凝土工岗位操作技能

第七章 | 混凝土搅拌、运输及施工准备

第一节 混凝土现场搅拌与运输

一、混凝土现场搅拌要点

1. 基本要求

搅拌混凝土前,加水空转数分钟,将积水倒净,使拌筒充分润湿。搅拌第一盘时,考虑到筒壁上的砂浆损失,石子用量应按配合比规定减半。

搅拌好的混凝土要做到基本卸尽,在全部混凝土卸出之前不得再投入拌和料,更不得采取边出料边进料的方法。严格控制水灰比和坍落度,未经试验人员同意不得随意加减用水量。

2. 材料配合比

严格掌握混凝土材料配合比,在搅拌机旁挂牌公布,便于检查。

混凝土原材料按重量计的允许偏差,不得超过下列规定。

(1)水泥、外加掺合料:±2%;

(2)粗细骨料:±3%;

(3)水、外加剂溶液:±2%。

各种衡器应定时校验,并经常保持准确。骨料含水率应经常测定。雨天施工时,应增加测定次数。

3. 搅拌装料顺序

搅拌装料顺序为石子→水泥→砂,每盘装料数量不得超过搅拌筒标准容量的10%。

(1)在每次用搅拌机拌和第一罐混凝土前,应先开动搅拌机空车运转,运转正常后,再加料搅拌。

(2)拌第一罐混凝土时,宜按配合比多加入10%的水泥、水、细骨料;或减少10%的粗骨料用量,使富裕的砂浆布满鼓筒内壁及搅拌叶片,防止第一罐混凝土拌和物中的砂浆偏少。

(3)在每次用搅拌机开拌之始,应注意监视与检测开拌初始的前两、三罐混凝土拌和物的和易性。如不符合要求时,应立即分析情况并处理,直至拌和物的和易性符合要求,方可持续生产。

(4)当开始按新的配合比进行拌制或原材料有变化时,也应注意开盘鉴定与检测工作。

(5)搅拌时间。从原料全部投入搅拌机筒时起,至混凝土拌和料开始卸出时止,所经历的时间称作搅拌时间。

通过充分搅拌,应使混凝土的各种组成材料混合均匀,颜色一致。

高强度等级混凝土、干硬性混凝土更应严格执行。

搅拌时间随搅拌机的类型及混凝土拌和料和易性的不同而异。

在生产中,应根据混凝土拌和料要求的均匀性、混凝土强度增长的效果及生产效率几种因素,规定合适的搅拌时间。但混凝土搅拌的最短时间,需符合表7-1规定。

表7-1　　　　　　　　混凝土搅拌的最短时间　　　　　　　　(单位:s)

混凝土坍落度 /mm	搅拌机类型	搅拌机容积/L		
		小于250	250~500	大于500
小于或等于30	自落式	90	120	150
	强制式	60	90	120
大于30	自落式	90	90	120
	强制式	60	60	90

注:掺有外加剂时,搅拌时间应适当延长。

(6)在拌和掺有掺合料(如粉煤灰等)的混凝土时,宜先以部分水、水泥及掺合料在机内拌和后,再加入砂、石及剩余水,并适当延长拌和时间。

(7)使用外加剂时,应注意检查核对外加剂品名、生产厂名、牌号等。

使用时一般宜先将外加剂制成外加剂溶液,并预加入拌用水中,当采用粉状外加剂时,也可采用定量小包装外加剂另加载体的掺用方式。

当用外加剂溶液时,应经常检查外加剂溶液的浓度,并应经常搅拌外加剂溶液,使溶液浓度均匀一致,防止沉淀。溶液中的水量,应包括在拌和用水量内。

(8)混凝土用量不大而又缺乏机械设备时,可用人工拌制。

拌制一般应在铁板或包有白铁皮的木拌板上进行操作,如用木制拌板时,宜将表面刨光,镶拼严密,使其不漏浆。

拌和要先干拌均匀,再按规定用水量随加水随湿拌至颜色一致,达到石子与水泥浆无分离现象为准。当水灰比不变时,人工拌制要比机械搅拌多耗 10%~15% 的水泥。

(9)雨季施工期间要经常测粗细骨料的含水量,随时调整用水量和粗细骨料的用量。

(10)夏季施工时砂石材料尽可能加以遮盖,至少在使用前不受烈日暴晒,必要时可采用冷水淋洒,使其蒸发散热。

(11)冬季施工要防止砂石材料表面冻结,并应清除冰块。

二、混凝土现场运输

1. 对混凝土拌和物运输的要求

运输过程中,应保持混凝土的均匀性,避免产生分层离析现象,混凝土运至浇筑地点,应符合浇筑时所规定的坍落度(表 7-2);混凝土应以最少的中转次数,最短的时间,从搅拌地点运至浇筑地点,保证混凝土从搅拌机卸出后到浇筑完毕的延续时间不超过表 7-3 的规定;运输工作应保证混凝土的浇筑工作连续进行;运送混凝土的容器应严密,其内壁应平整光洁,不吸水,不漏浆,黏附的混凝土残渣应经常清除。

表 7-2　　　　　　　　　　　混凝土浇筑时的坍落度

项次	结 构 种 类	坍落度/mm
1	基础或地面等的垫层、无配筋的厚大结构(挡土墙、基础或厚大的块体等)或配筋稀疏的结构	10~30
2	板、梁和大型及中型截面的柱子等	30~50
3	配筋密列的结构(薄壁、斗仓、筒仓、细柱等)	50~70
4	配筋特密的结构	70~90

注:1.本表采用机械振捣的坍落度,采用人工捣实时可适当增大。

2.需要配制大坍落度混凝土时,应掺用外加剂。

3.曲面或斜面结构的混凝土,其坍落度值,应根据实际需要另行选定。

4.轻集料混凝土的坍落度,宜比表中数值减少 10~20mm。

5.自密实混凝土的坍落度另行规定。

表 7-3　　　　　混凝土从搅拌机中卸出后到浇筑完毕的延续时间　　　(单位:min)

混凝土强度等级	气温/℃	
	不高于 25	高于 25
C30 及 C30 以下	120	90
C30 以上	90	60

注:1.掺用外加剂或采用快硬水泥拌制混凝土时,应按试验确定。

2.轻集料混凝土的运输、浇筑延续时间应适当缩短。

2.混凝土运输方式

混凝土运输工作分为地面运输、垂直运输和楼面运输三种情况。

(1)地面运输如运距较远时,可采用自卸汽车或混凝土搅拌运输车;工地范围内的运输多用载重 1t 的小型机动翻斗车,近距离也可采用双轮手推车。手推车有单轮、双轮两种。单轮手推车容量为 0.05~0.06m³,双轮手推车容量为 0.1~0.12m³。手推车操作灵活、装卸方便,适用于地面水平运输。

(2)混凝土的垂直运输,目前多用塔式起重机、井架,也可采用混凝土泵。

1)塔式起重机运输的优点是地面运输、垂直运输和楼面运输都可以采用。混凝土在地面由水平运输工具或搅拌机直接卸入吊斗吊起运至浇筑部位进行浇筑。

2)混凝土的垂直运输,除采用塔式起重机之外,还可使用井架。混凝土在地面用双轮手推车运至井架的升降平台上,然后井架将双轮手推车提升到楼层上,再将手推车沿铺在楼面上的跳板推到浇筑地点。另外,井架可以兼运其他材料,利用率较高。由于在浇筑混凝土时,楼面上已立好模板,扎好钢筋,因此需铺设手推车行走用的跳板。为了避免压坏钢筋,跳板可用马凳垫起。手推车的运输道路应形成回路,避免交叉和运输堵塞。

3)混凝土泵是一种有效的混凝土运输工具,它以泵为动力,沿管道输送混凝土,可以同时完成水平和垂直运输,将混凝土直接送至浇筑地点,我国一些大中城市及重点工程正逐渐推广使用并取得了较好的技术经济效果。多层和高层框架建筑、基础、水下工程和隧道等都可以采用混凝土泵输送混凝土。

第二节　混凝土浇筑施工准备

混凝土施工的准备工作是混凝土施工工艺过程中的首要工作,由于混凝土中水泥有一定的凝结时间,并且水化作用要求有一定的条件,在组织混凝土施工时,更突出了准备工作的必要性。

准备工作有两个方面:一是技术准备,其中包括熟悉施工对象,熟悉自身施工条件,选择生产工艺,确定施工方案;另一方面是现场施工的物质准备,包括材料、机具、人工的落实。

混凝土施工的准备工作还包括提前做出混凝土配合比的试配,混凝土试配要等 28d 才能出结果(7d 和 15d 可以得到参考配合比),尽管近期发展了水泥和混凝土的快测技术,但是还存在一些问题,只能提供参考,一般规定还是以 28d 强度为准。

混凝土浇筑是在支模板和绑扎钢筋完成后才能开始,前面工序存在问题,必然影响混凝土工程质量,因此,应强调工种的交接检查。

一、操作技术准备工作

1.熟悉施工对象

对施工对象的熟悉可从图纸、预算、合同等技术文件中得到,也要通过图纸会审、设计交底、施工交底、现场考察等形式熟悉。混凝土工程施工是多工种协同工作的过程,了解施工对象、了解施工全局是必要的。从本工种角度出发,应有以下几个方面。

(1)工程概况。工程名称、规模、地位与等级、工程性质、工程造价、承包方式、技术要求、质量要求、工期要求等。

(2)混凝土工程的部位。应掌握哪些部位是钢筋混凝土工程、哪些分项工程应以混凝土工程为主、哪些分部工程需要混凝土工的配合等。

(3)工序互检工作。模板、钢筋、骨架、保护层厚度等经技术人员验收合格签证。

(4)现浇和预制工程量。应掌握各分项工程中的现浇工程量、预制件的数量,要列出名称、部位、规格、数量一览表,做到胸中有数。土建施工的工程量是一切数字之本,混凝土工程也不例外。

(5)混凝土性能要求、强度要求。两者是共性的,但是应区别强度等级。其他如抗渗要求、防水要求、耐火要求、耐腐蚀要求也要明确。同时也要根据气象、部位、工期、做法等因素提出早强、抗冻、缓凝等要求。此外,对混凝土的流动性、可泵性、石子砂子粒径要求等都要提前通知试验部门,先不通知试验部门,到关键时向试验部门要配合比,会严重影响管理工作。

(6)预埋与预留要求。预埋件要提前制作,预留孔要支模板,在施工准备阶段要提出数量规格和使用日期等要求,在开灌前应检查落实。在操作中要保证位置正确,应有专人负责。

2.熟悉施工条件

熟悉施工条件就是要知道自身的施工技术装备条件、自身的组织能力、协调能力、管理能力,主观客观相适应才能顺利完成任务。应熟悉下列施工条件。

(1)熟悉施工单位的起重、运输、搅拌能力,其中起重、运输能力是指吊装混凝土预制构件和垂直运输的能力。例如,吊车或塔吊的吨位、可以参加此项施工的汽车数;搅拌能力是指搅拌机台数和生产率以及后台上料部分的技术装备能力。

(2)有些大体积混凝土工程、高层建筑、场地狭窄地区等,需要选用商品混凝土、泵送混凝土,混凝土的场外输送要用搅拌车,场内的输送用管道和布料杆等,需要事先同商品混凝土供应单位签订供应合同,场地内应考虑混凝土管道的输送路线等。

(3)劳动组织的适应性,工人的人数、技术等级、自身素质,了解有无必要调整劳动组织,有无必要组织专业施工队等。

(4)材料的储备和供应、工具的储备和供应是准备工作中必须落实的内容。混凝土浇筑一般应连续进行,若材料不能保证,必然会造成产生施工缝。实践证明,振动器具极易发生故障,若无必要的备用件则将影响施工的正常进行。

(5)水电必须保证供应,尤其是对经常停水停电的地区,必须做出应急准备;也要对用水量和用电量做出计划,保证供应。

(6)对试验室的试验能力,质检部门的技检能力,预制件的生产能力,木工、钢筋工、水电管道预埋人员的配合能力等,在准备工作期间,都应熟悉并做出安排。

(7)确定施工方案。设计图纸告诉大家"干什么",施工方案告诉大家"怎么干"。在了解施工对象和自身技术装备条件的基础上,经过努力才能编出切实可行的施工方案,这也是技术准备工作的最终结果。

(8)掌握气象规律。混凝土对温度、湿度很敏感,在暑期、雨期、冬期施工都有不同的要求和措施,这些要求和措施必须在掌握气象规律的基础上制定。

(9)严格执行安全操作规程及规章制度,做到安全生产。

二、材料、机具、人工准备

1.材料落实

混凝土的组成材料要一一落实。主要是检查其质量是否符合规定,品种及规格是否与试验配合比相同,数量是否满足要求。

(1)对于水泥的检查应该有足够的重视,因为不能用直观的办法判断其某些质量要求。例如,散装水泥的等级、品种以及一般水泥的安全性等。所以,一般要检验水泥出厂合格证;要直观地检验水泥是否结块、颜色是否一致、每袋水泥质量是否够 50kg、过期水泥是否已重新检验。必须避免水泥的混用,把不同品种、不同等级、不同批次的水泥存放在一起易造成混用。

(2)对于外加剂,应该熟悉其作用、用量、用法、使用在什么部位。外加剂的使用量必须严格控制,超量应用会造成质量事故,用量不足起不到应有的作用。因此,应该准备一定的专用工具和称量器具,以保证其准确性。

(3)对于骨料的直观检查,主要是查看粒径、级配、含泥量和有害杂质的含量,石子中片状、针状石子的含量,从而决定是否需要挑选和筛洗。此外,切记石子和砂子的堆放场地要远离石灰堆放场地,石子中掺入生石灰块,会出现混凝土爆裂事故。

(4)对于材料质量和设备的检查,可参见表 7-4 和表 7-5。

表 7-4   材料质量的检查

材料名称		检查项目
水泥	散装	查验水泥品种、强度等级、出厂或进仓时间
	袋装	1.检查袋上标注的水泥品种、强度等级、出厂或进仓时间; 2.抽查重量,允许误差 2%; 3.仓库内水泥不同品种、不同强度等级的有无混放
砂、石子		目测(有怀疑时再通知试验部门检验): 1.有无杂质; 2.砂的细度模数; 3.粗骨料的最大粒径,针、片状及风化骨料含量
外加剂		溶液是否搅拌均匀,粉剂是否已按量分装好

表 7-5   设备的检查

设备名称	检查项目
送料装置	1.散装水泥管道及气动吹送装置; 2.送料拉铲、皮带、链斗、抓斗及其配件; 3.龙门吊机、桥式吊机等起重设备; 4.上述设备间的相互配合
计量装置	1.水泥、砂、石子、水、外加剂等计量装置的灵活性和准确性; 2.磅秤底部有无阻塞; 3.盛料容器有否黏附残渣,卸料后有无滞留; 4.下料时冲量的调整
搅拌机	1.进料系统和卸料系统的顺畅性; 2.传动系统是否紧凑; 3.筒体内有无积浆残渣,衬板是否完整; 4.搅拌叶片的完整和牢靠程度

2.机具落实

机具设备主要检查其运转是否正常,应该储备一定的易耗件,必要时要备用一定数量的机具,一般情况下应该进行试车,确保能连续运转,方能开工。

一般混凝土班组都配备一定数量的工具,应根据工程任务情况对工具做适当的调整与补充。

充分发挥机具的效能,以减轻工人的劳动强度和提高工效。

3.人工落实

人工的数量主要依据劳动定额或施工定额计算出来。在施工准备阶段也要根据流水段计算出分段人数,若是等量分段可以每段配备相等的人数,不等量分段应调整人数,因为混凝土的接槎和施工缝在部位上有一定要求,人数应与其相对应。大体积混凝土的连续施工一般是三班制,每班应该配备相应数量的工人。

在工人班组中,技术等级和操作经验是不同的,施工组织者对此应有所了解,尤其浇筑重要部位和构件,应指定技术等级高的工人把关,并对浇筑工序中前台后台安排负责人,例如有人负责配合比的正确性、有人负责混凝土的运输、有人负责入模、有人负责振捣、有人专门负责预埋件和预留孔洞等。

在混凝土施工中,要有一定数量的配合作业者,例如,看钢筋的、看模板的、维修电工、机械工、驾驶员、试验工等。施工组织者必须事先做出安排,要做到分工明确,大力协同,各司其职。

4.混凝土的试配

混凝土的配合比是影响混凝土质量的内部因素。配合比的选择应满足强度等级要求,也要满足施工的和易性要求,有的还要满足抗冻性、抗渗性等耐久性和特殊性的要求,在满足这些要求的基础上,应遵循合理使用材料、节省水泥的原则。

普通混凝土的配合比,应通过试配确定;试验室配出的混凝土配合比,应考虑与现场实际施工条件的差异。

混凝土的配合比设计和试配,实质上就是确定四项材料用量之间的三个对比关系:水与水泥之间的对比关系,用水灰比(即水与水泥用量的比)来表示;砂与石之间的对比关系,用砂率(即砂的质量占砂石总质量的百分数)来表示;水泥浆与骨料之间的对比关系,用单位用水量(即 $1m^3$ 混凝土的用水量)来表示。水灰比、砂率、单位用水量是混凝土配合比的三个重要参数。

三、施工交接检查的内容和方法

在混凝土施工准备工作中,交接检查是重要内容之一,交接检查是"三检制"(自检、互检、专检)中的互检。

互检是生产工人之间对生产加工的产品相互进行检验，这里主要是指下道工序对上道工序的检查，通过交接检查可以避免由于自检所没有发现的差错，影响下一工序，并把差错消除在专职检查人员检验之前，对提高产品质量有积极作用。交接检查对混凝土工程有着特殊意义，浇筑混凝土的前道工序一般有两个，即模板和钢筋，它们如果出了差错，会影响到混凝土工程的质量。例如，模板的轴线位移，缝隙过大，预留孔洞或预埋件的丢失或位移等，这些差错应纠正在混凝土浇筑之前。表7-6、表7-7和表7-8是《混凝土结构工程施工质量验收规范》(GB 50204—2015)中允许的偏差项目。模板安装后，混凝土施工前，应依据检查项目进行交接检查，确保混凝土工程质量。

表 7-6 　　　　　　　　　　预埋件和预留孔洞的允许偏差

项　　目		允许偏差/mm
预埋钢板中心线位置		3
预埋管、预留孔中心位置		3
插筋	中心线位置	5
	外露长度	+10,0
预埋螺栓	中心线位置	2
	外露长度	+10,0
预留洞	中心线位置	10
	尺寸	+10,0

注：检查中心线位置时，应沿纵、横两个方向量测，并取其中的较大值。

表 7-7 　　　　　　　　　现浇结构模板安装的允许偏差及检验方法

项　　目		允许偏差/mm	检 验 方 法
轴线位置		5	钢尺检查
底模上表面标高		±5	水准仪或拉线、钢尺检查
模板内部尺寸	基础	±10	钢尺检查
	柱、墙、梁	±5	钢尺检查
	楼梯相邻踏步高差	5	尺量检查

续表

项　　目		允许偏差/mm	检　验　方　法
柱、墙垂直度	层高≤6m	8	经纬仪或吊线、钢尺检查
	层高>6m	10	经纬仪或吊线、钢尺检查
相邻两板表面高低差		2	钢尺检查
表面平整度		5	2m靠尺和塞尺检查

注：检查轴线位置时，应沿纵、横两个方向量测，并取其中的较大值。

表 7-8　　　　　　　　　预制构件模板安装的允许偏差及检验方法

项　　目		允许偏差/mm	检　验　方　法
长度	板、梁	±4	钢尺量两角边，取其中较大值
	薄腹梁、桁架	±8	
	柱	0，−10	
	墙板	0，−5	
宽度	板、墙板	0，−5	钢尺量一端及中部，取其中较大值
	梁、薄腹梁、桁架、柱	+2，−5	
高(厚)度	板	+2，−3	钢尺量一端及中部，取其中较大值
	墙板	0，−5	
	梁、薄腹梁、桁架、柱	+2，−5	
侧向弯曲	梁、板、柱	$l/1000$ 且≤15	拉线、钢尺量最大弯曲处
	墙板、薄腹梁、桁架	$l/1500$ 且≤15	
板的表面平整度		3	2m靠尺量最大弯曲处
相邻模板表面高差		1	钢尺检查
对角线差	板	7	钢尺量两个对角线
	墙板	5	
翘曲	板、墙板	$l/1500$	调平尺在两端量测
设计起拱	薄腹梁、桁架、梁	±3	拉线、钢尺量跨中

注：l 为构件长度(mm)。

交接检验的内容应依据工程具体项目有所侧重,常见的检查项目如下。

1.地基清理检查

如浇筑基础、地坪等,混凝土直接浇筑在地基上时,首先应校正地基的设计标高及轴线,复核其各部尺寸,并清除地基上的淤泥、浮土、杂物和积水,如有不平应加以修整。

如在基槽或基坑中有地下水渗出,或地表水流到基槽或基坑中,应设法排除,并要考虑混凝土浇筑及硬化过程中的防水措施。对于较深的基槽或基坑,还要检查有无塌方的可能。

2.模板检查

检查模板的位置、标高、截面尺寸以及预留拱度是否与设计相符,拼缝是否严密,支撑结构是否牢固,以免在浇筑过程中发生变形走动等现象。

对于组合式钢模,应严格检查各部位的紧固情况、U形卡是否上足、背杠和支撑的安装间距能否承受振捣混凝土时的侧压力、支撑系统是否与脚手架分开等,对栓子模板还要检查是否有扭曲现象,对拼缝不严密的,要用腻子补平。

3.钢筋检查

主要是检查钢筋的位置、型号、规格、数量、间距是否与设计相符,钢筋上的油污、老锈等要清除干净。控制混凝土保护层厚度的水泥垫块要垫好。如果有预埋铁件或预留孔时,应检查其牢固程度和方向位置,尤其要注意预埋件和预留孔的模板是否影响混凝土的入模和振捣。

4.设备、管线的检查与清理

主要检查设备、管线的数量、型号、位置和标高,并将其表面的油污清理干净。

5.供水、供电及原材料的保证

主要检查水、电供应情况,并与水、电供应部门联系,防止施工中水、电供应中断;检查材料的品种、规格、数量、质量是否符合要求。

6.机具的检查及准备

对机具主要检查其种类、规格、数量是否符合要求,运转是否正常。

7.道路与脚手架的检查与清理

对运输道路主要检查其是否平坦,运输工具能否直接到达各个浇筑部位,浇筑用脚手架是否牢固、平整。

8.安全、技术交底

做好安全、技术交底,进行劳动力的分工及其他组织工作。

9.其他

了解天气预报,准备防雨、防冻措施。

交接检查应由施工员或项目经理组织,有关班组长或班组质检员、专职质检员等参加。一般是在上班前或下班后进行,应做必要的文字记录,应反映在施工日志上。

第八章 混凝土浇筑操作方法

第一节 混凝土入模操作方法

一、混凝土入模的基本方法

入模必须给振捣创造条件，这对混凝土的匀质性、密实性有很大影响，所谓"入模不对，振捣受罪；入模太多，必出蜂窝；手法不好，累死振捣"，就是这个意思。

1. 手锹入模法

混凝土用铁锹人工入模有四种手法：正锹法（带浆法）、倒锹法（扣锹法、面浆法）、摔锹法（底浆法）、揉锹法（揉浆法）。四种手法可根据构件形状和入模位置，单独使用或结合使用。手法不同，主要是处理好砂浆和石子的运动状态，使混凝土入模后不致离析，便于振捣。用锹的手法，见图 8-1。

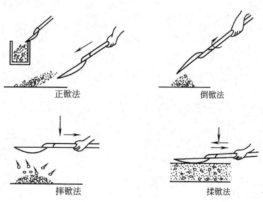

正锹法   倒锹法

摔锹法   揉锹法

图 8-1　用手锹入模

（1）正锹法是用锹盛上混凝土，锹背朝下，向前甩出，混凝土居中，石子在前，砂浆在后；或者锹背紧靠模板，使石子溜到中间，砂浆顺模板流下，防止侧模处产生蜂窝、麻面。

（2）倒锹法是将混凝土向前甩时，铁锹猛翻 180°，使锹背朝上，向下扣去。这种手法不会使混凝土产生离析,是常用手法。有时改变运动幅度和速度,也可以使石子在下,砂浆在上,对须出浆或压光的构件,如地面、楼板、散水等,可用此法。

(3)摔锹法是用锹盛上混凝土后,锹背朝下,向模板面猛摔,使石子弹起,把砂浆粘在模板上。现浇楼板或要求仰面有光滑效果时,可用此法,并与倒锹法配合使用,一个在下,一个在上。

(4)揉锹法是用锹背拍打混凝土表面,使之出浆,然后前后揉动,起到拍实、出浆、压光作用,使混凝土有一个较平坦的表面。

四种手法应视具体情况配合使用,例如竖直构件或梁在入模时,靠模板处用正锹法,中间用倒锹法。楼板可用摔锹法与倒锹法配合,最后用揉锹法出浆。

2.直接入模方法

直接入模是指混凝土不用两次搅拌,用推车或翻斗车直接倾倒,用串筒、布料杆等直接卸在模板上(内)。一般用于操作面大、体积大、便于入模的情况下,如水工构筑物、厚大的板墙、设备基础等。直接入模必须具备的条件是混凝土不发生离析、分层现象;要遵守分层入模的要求,严格振捣;不挤压钢筋;不在已浇筑好的混凝土上行车运输等。

(1)用翻斗车、手推车直接倾倒入模,要一车压半车,如图8-2所示。这样易于使各车的混凝土均匀,也可以防止冲撞钢筋。在摊平混凝土时,用振捣棒

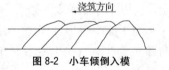

图8-2　小车倾倒入模

由下向上,依次振捣,不得由上向下,否则上面会出现"砂窝",下面会出现"石窝"。

(2)用料斗、串筒等直接入模,出料口应对正构件截面中心;偏斜一边,容易造成离析,如图8-3所示。

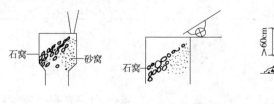

图8-3　料斗、串筒入模

(3)在斜坡上浇筑混凝土,若用斜槽使混凝土跌落在斜坡上,会把石子分离出来,滑到斜坡的底部,如图 8-4(a)所示,则斜坡混凝土底部石子多,上部水泥浆多,混凝土不均匀密实,可以在适当的地方安放挡板,这样可以避免离析。

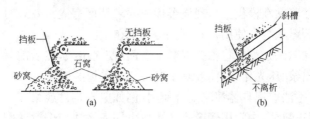

图 8-4 斜坡上浇筑

(4)用吊斗直接铺倒混凝土,要控制吊斗的行进速度和方向,使吊斗中的混凝土跌落在已振捣好的混凝土施工缝上,不要直接跌落在模板或地基上,否则石子会离析出来,如图 8-5 所示。

二、混凝土对称入模操作要点

混凝土入模以前必须合理安排整体的浇筑顺序,要明确浇筑进行方向和入模点。进行方向安排不当,将会发生整体的偏移;入模点确定不当,也会发生构件的几何尺寸变形。

为了减少变形和偏移,加强模板和支撑的刚度是必要的。但是,方向和入模点不当发生变形是绝对的,必须对称入模才能克服和限制这些变形。

非对称入模或入模点选择不当,将产生下列的后果。

(1)现浇框架结构浇筑时混凝土入模(图 8-6)。

图 8-5 用吊斗直接铺倒   图 8-6 现浇框架结构的浇筑

框架的浇筑切忌"一头赶"，否则将产生竖向轴线偏移。至少应该有两个入模点，由中间向两边或由两边向中间对称进行，以限制或抵消模板的整体变形。当框架划分流水施工段时，每段也应对称进行。

(2)柱基浇筑时混凝土入模(图 8-7)。

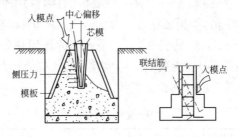

图 8-7　柱基浇筑

杯形基础由于没能对称浇筑，使芯模承受侧压力，发生偏移，在现浇柱基中，柱与基础的联结肋也会挤歪。在设备基础中的地脚螺钉和预留洞等的位置常发生偏移。

(3)水塔水箱壁浇筑时混凝土入模(图 8-8(a))。

由于采用一点入模，混凝土将里模挤向对面，入模处超厚，对面超薄，形成厚薄不均。这种现象也多出现在水池壁、漏斗壁等配有里外模的构件上。

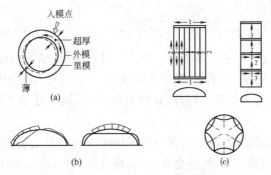

图 8-8　水塔水箱壁及拱形和薄壳结构浇筑

(4)拱形和薄壳结构浇筑时混凝土入模。

这种结构因为它的受力特点和变形的敏感性(图8-8(b))，更应强调对称入模,一般可采用图 8-8(c)所示方式浇筑。

三、混凝土分层入模操作要点

混凝土的分层入模是操作者必须遵守的规则,分层的厚度主要取决于振捣的方法和振动器的类型。一般振捣棒,分层厚度是棒的作用部分长度的 1.25 倍,平板振动器是 20cm,人工捣固视结构形式和配筋情况,厚度取 1~25cm,见表 8-1。分层入模的原因是防止一次入模混凝土太厚,振捣跟不上,使混凝土密实度不足。在竖直构件中出现的"卡脖"和"糖葫芦"现象,多由此发生。

表 8-1   混凝土浇筑层的厚度

项次	捣实混凝土的方法		浇筑层的厚度/cm
1	插入式振捣		振动器作用部分长度的 1.25 倍
2	表面振动		200
3	人工捣固: 1. 在基础、无筋混凝土或配筋稀疏的结构中; 2. 在梁、墙板、柱结构中; 3. 在配筋密列的结构中		250 200 150
4	轻骨料混凝土	插入式振捣	300
		表面振动(振动时需加荷载)	200

(1)竖直构件的分层入模。竖直构件是指柱、墙等构件。浇筑竖直构件主要问题是"看不见,摸不着",有时,只能凭操作者的触觉,间接地衡量混凝土是否振实。因此,在竖直构件内,强调分层入模,分层振捣非常必要。

在浇筑墙体时,由于太薄(120~160mm),又是双层钢筋,墙内预埋管道、预留门窗口等,纵横交叉,尤其是有横向管道时,采用串筒或溜管难以容纳,自由倾落高度和浇筑高度要求很难保证。采用开洞口侧向浇筑,用于大截面柱子尚可,若用于墙体,操作不便,效率很低。若采用分段支模法(即里模外模分段,随支随浇,每段 1.2~1.5m),在施工中必然出现工种交叉,增加了混凝土工的停歇时间,效率也不高,易出现窝工现象,施工中应尽量避免。

基于上述困难,应采取以下措施。

1)必须严格分层入模,分层振捣,每层厚度不超过40cm,要尽量采用人工锨入模。若采用特制串筒,应多点入模,避免用料斗直接入模。

2)在保证混凝土强度等级条件下,慎重选择石子粒径和级配,掺入减水剂,增加混凝土的流动性,坍落度宜采用10cm以上。

3)墙或柱的底部应先填入50~100mm厚的水泥砂浆垫底,避免石子接触底面。此外,一般石子因自重大,碰撞钢筋,首先坠落,使石子落到砂浆上。

应该指出的是,"减半石子混凝土或与原混凝土成分相同的水泥砂浆"的做法,在施工中不易掌握,因为只减石子不减水,混凝土太稀,无法使用,可采取石子减少一半后,水重减少1/5~1/3,水泥和砂子质量不变,使砂浆稠度保持在12cm左右。用自落式搅拌机搅拌,第一罐混凝土减少50kg石子,效果也较好。经过试验,自落式搅拌机,搅拌机筒壁和叶片接触混凝土面积约7m²,黏附在筒壁和叶片上的砂浆约30kg,减少50kg石子相当于增加42kg砂浆,考虑到第一罐混凝土,新罐新车都要黏附一些砂浆,增加42kg砂浆可以满足要求。

4)坍落度可由下向上逐步减少,可有效地防止石子沉落,水泥浆上浮和泌水现象。

5)在门窗洞口处,应两边均匀下料,均匀振捣,防止位移变形。在窗口下边的混凝土不易密实,因为这个部位是靠间接挤实的,可在窗口下冒头和模板上留排气孔和观察孔,如图8-9所示,待排气孔已冒出砂浆时,证明已灌实,此外,排气孔也可减少窗口下的上浮力。

6)可采用提拉式振捣法,即加长振捣棒的软轴,使棒头伸到竖直构件的底部,分层提升。

7)增加附着式振动器或辅以人工振捣,此时,应注意模板的坚固程度。

8)往弯曲或狭窄的模板内浇筑混凝土,必须通过模板侧口入模时,应避免将串筒直接伸到侧口内,混凝土从垂直方向拐一个角度,如图8-10所示,快速流进模板内,这种操作方法易导致混凝土离析,应在漏斗的底部留上凹槽,使混凝土在漏斗中稍作停留后再流进模板内。

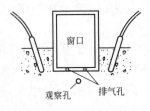

图 8-9 门窗洞口浇筑

图 8-10 弯曲或狭窄模板内浇筑

(2)水平构件的分层入模。水平构件若其浇筑高度超过分层厚度,可采用分层赶浆法。分层赶浆法是从构件一端开始,分层入模,呈斜坡形,在前端的操作者防止石子与模板接触,使水泥砂浆向前流动,并与模板接触,用振捣棒振动,促使混凝土向前流动和振实。如图8-11所示。

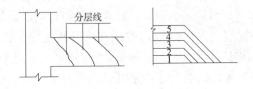

图 8-11 水平构件的分层入模

若构件长度和体积较小,在能保证不超过混凝土的凝结时间的前提下,也可以水平分层。

一般现浇楼板厚度为 8～15cm,若是单层肋,可将混凝土直接倾倒在模板上,用平板振动器振实;厚度在 20cm 以上时,应考虑分层,并宜用平板振动器与振捣棒结合进行振捣。

(3)大体积混凝土的分层入模。大体积混凝土的浇筑程序,应由低到高,分段分层进行,大体积混凝土由于操作面开阔,可以用车或串筒直接入模,串筒的布置见图8-12。

大体积混凝土一般要求连续浇筑,不准留施工缝,为了使上下层混凝土能凝结在一起,应在混凝土中掺入缓凝剂,例如掺入有缓凝作用的木钙减水剂,在常温下掺入水泥质量 0.2% 的木钙,混凝土的初凝时间可延长到 8～9h,这对施工安排是很有利的。

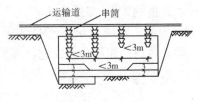

图 8-12　串筒的布置

第二节　混凝土振捣操作方法

一、混凝土振捣方法

混凝土的密实度决定着混凝土强度、抗冻性、抗渗性等一系列性质。试验证明,不经过振捣的混凝土内含有 5%～20% 体积的空洞与气泡。混凝土本身的自然沉落达不到较高的密实度,也很难自行充实到模板的各个角落。振捣的方法有人工和机械两种,一般应以机械为主,人工为辅,若工程量不大或无法使用机械时,应以人工为主。

混凝土的振捣方式,可按振动器的功能原理分类如下。

(1)按传振动的方式可分为内部式(插入式)、外部式(附着式)、平台式等;

(2)按振源的振动子形式可分为行星式、偏心式、往复式等;

(3)按使用振源的动力分为电动式、内燃式、风动式、液压式等;

(4)按振动频率可分为低频(2000～5000 次/min)、中频(5000～8000 次/min)、高频(8000～20000 次/min)等。

(5)振动机械按其工作方式不同,可分为内部振动器(振捣棒)、表面振动器(平板振动器)、外部振动器和振动台。

二、用振捣棒振捣混凝土

振捣棒的操作要领是快插慢拔,上下抽动,掌握距离,防止漏振,空气排净,表面泛浆。

振捣棒在操作前应了解它的两个基本性能:长度和频率。长度用以决定分层厚度,频率用以决定作用半径(多由实验得出)。振捣棒对混凝土振动力的大小,由振捣棒的振动强度决定,当振动强度大时,振实效果好。振捣棒振动强度的大小,与振捣棒的频率和振幅有关,频率对振动强度的影响大于振幅。对同一配合比的混凝土,高频率振捣棒对小颗粒骨料比对大颗粒骨料的作用显著。这就需要根据混凝土不同的流动性和骨料级配,选择适宜振动强度和频率的振捣棒,见表 8-2和表 8-3。

表 8-2   混凝土骨料粒径与振捣棒频率的关系

石子最大粒径/mm	10	20	40
适宜频率/(次/min)	6000	3000	2000

表 8-3   混凝土流动性与振动器的振动强度

混凝土流动性	坍落度/cm	适宜的振动强度/(cm²/s)
塑性	10~5	50~100
低流动性	5~0	100~200
干硬性	0	200~600

　　为了防止漏振,振捣棒的插点排列必须规则,在操作前应规定出是行列式还是交错式,插点距离不应超过作用半径的 1.5 倍,根据经验,一般取 30~40cm。

　　分层厚度可取棒的实际长度减 10cm,一般可取 30~40cm。由于要求棒插到下层混凝土 5cm 处,使层间能结合起来,同时上端避免软轴与混凝土接触,也要留出 5cm,这是棒长减 10cm 的原因。

　　在振捣棒的全长上,振动力分布并不均匀,呈上小下大,如图 8-13 所示,同时,振捣棒的周围因振动力的作用,石子会迅速振离,经过一定时间,砂浆才能通过振动力,逐渐填充在石子空隙中。一般视坍落度的大小决定振捣时间,见表8-4。时间太短,振不实,太长也易发生离析和竖向分层。现场掌握时以混凝土表面泛浆,不冒气泡,不下沉为度。

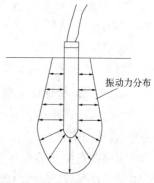

振动力分布

图 8-13 　振捣棒的振动力分布

表 8-4		振捣的时间与有效作用半径				
坍落度/cm	0～3	4～7	8～12	13～17	18～20	20 以上
振捣时间/s	22～28	17～22	13～17	10～13	7～10	5～7
振捣有效作用半径/cm	25	25～30		30～35	35～40	35～40

显然,上下抽动是为了振动力均匀分布;快插是为了防止上面已振实,与下面混凝土发生分层现象;慢拔是为了使混凝土来得及填满振捣棒抽出时所形成的砂浆窝。

振捣棒的直插和斜插各有特点。直插时,混凝土受振后,可自然沉落,较均匀,易掌握振捣棒的插点距离,不易漏振,不易碰钢筋和模板,插入深度也易于控制,一般工地上多用直插的方法。斜插用在钢筋密集处(图 8-14(a))或有管道等障碍物处(图 8-14(b))。直插有困难时,用斜插效率较高,出浆快,尤其是大体积混凝土,摊平或振实速度较快。

对于呈斜坡形的混凝土工程,浇筑和振捣的顺序是先下后上。这样,由于本身的自重,可以起到压实的效果。若先上后下,在振捣下面的混凝土时,混凝土会从上向下流动,被拉扯而开裂。

摊铺混凝土时,也应先振底部,逐次向上,使混凝土向外流。若先振上部,只能将该处变成砂浆窝,如图 8-15 所示。

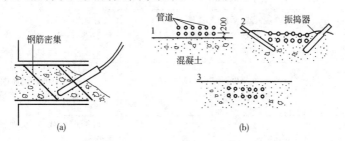

图 8-14 特殊部位的浇捣

(a)钢筋密集处的浇捣方法;(b)管道附近的浇捣方法

图 8-15 摊铺混凝土的振捣

振捣棒常见故障及其排除方法见表8-5。

表8-5   振捣棒的故障及其产生原因和排除方法

故障现象	故障原因	排除方法
1.电动机定子过热,机体温度过高(超过额定温升)	1.工作时间过久; 2.定子受潮,绝缘程度降低; 3.负荷过大; 4.电源电压过大、过低、时常变动及三相不平衡; 5.导线绝缘不良,电流入地中; 6.线路接头不紧	1.停止工作,进行冷却; 2.应立即干燥; 3.检查原因,调整负荷; 4.用电压表测定并进行调整; 5.用绝缘胶布缠好损坏处; 6.重新接紧线头
2.电动机有强烈的噪声,同时发生转速降低,振动力减小	1.定子磁铁松动; 2.一相熔丝断开或内部断线	1.应拆卸检修; 2.更换熔丝和修理断线处
3.电动机线圈烧坏	1.定子过热的发展结果; 2.绝缘严重潮湿的结果; 3.相间短路、内部混线或接线错误所致	必须部分或全部重绕定子线圈
4.电动机或把手有电	1.导线绝缘不良漏电,尤其在开关盒接头处; 2.定子的一相绝缘破坏	1.用绝缘胶布包好破裂处; 2.检修线圈
5.开关冒火花,开关熔丝易断	1.线间短路或漏电; 2.绝缘受潮、绝缘程度降低; 3.负荷过大	1.检查修理; 2.进行干燥; 3.检查原因,调整负荷
6.电动机滚动轴承损坏,转子、定子相互摩擦	1.轴承缺油或油质不好; 2.轴承磨损而致损坏	1.加油或更换好油质的; 2.更换滚动轴承
7.振捣棒不振	1.电动机转向反了; 2.单向离合器部分机件损坏; 3.软轴和机体振动子之间的接头处没有接合好; 4.钢丝软轴扭断; 5.行星式振动子柔性铰链损坏或滚子与滚道间有油污	1.需改变接线(交换任意两相); 2.检查单向离合器,必要时加以修理或更换零件; 3.将接头连接好; 4.重新用锡焊焊接或更换软轴; 5.检修柔性铰链和清除滚子与滚道间的油污,必要时更换橡胶油封

续表

故障现象	故障原因	排除方法
8. 振捣棒振动有困难	1. 电动机的电压与电源电压不符； 2. 振捣棒外壳磨坏，漏入灰浆； 3. 振捣棒顶盖未拧紧或磨坏而漏入灰浆使滚动轴承损坏； 4. 行星式振动子起振困难； 5. 滚子与滚道间有油污； 6. 软管衬簧和钢丝软轴之间摩擦太大	1. 调整电源电压； 2. 更换振捣棒外壳。清洗滚动轴承和加注润滑油； 3. 清洗或更换滚动轴承，更换或拧紧顶盖； 4. 摇晃棒头或将棒尖对地面轻轻一碰； 5. 清除油污，必要时更换油封； 6. 修理钢丝软轴，并使软轴与软管衬簧的长短相适应
9. 胶皮套管破裂	1. 弯曲半径过小； 2. 用力斜推振捣棒或使用时间过久	割去一段重新连接或更换新的胶皮套管

三、用平板振动器振捣混凝土

表面振动器又称平板振动器，它是将电动机轴上装有左右两个偏心块的振动器固定在一块平板上而制成，其振动作用可直接传递给混凝土面层。这种振动器适用于捣实楼板、地面、板形构件和薄壳等薄壁结构。在无筋或单层钢筋的结构中，每次振实的厚度不大于250mm；在双层钢筋的结构中，每次振实的厚度不大于120mm。表面振动器的移动距离，应能保证振动器的平板覆盖已振实部分的边缘，以使每一处的混凝土振实出浆为准。也可进行两遍，第一遍和第二遍的方向要互相垂直，第一遍主要使混凝土密实，第二遍则使表面平整。

平板式振动器在混凝土构件表面进行振捣作业时，可利用振子旋转时所产生离心惯性力的水平分力，使振动器自动移动。当电动机转子轴按顺时针方向旋转时，振动器向前移动，反之则向后。平板式振动器，一般多是倒顺操纵开关，所以只要改变电动机转子轴的旋转方向，就能使振动器前进或后退，因此，在作业时，既省力又容易掌握。

振捣时要分层分段振捣，沿一排随振随移，纵向振捣距离以搭接3～5cm为宜。在一排中移动的速度、往返的次数应视混凝土的干硬度指标及浇筑层的厚度而定。但是也可以按下述情况来判断：混凝土停止下沉并往上泛浆,混凝土已达均匀状态并充满模壳,混凝土表面已平整,混凝土表面及模板缝内发现有水泥砂浆挤出。当出现这些情况时,证明已经捣实,可以转移振捣作业位置。

混凝土浇筑层的厚度不超过 15cm 时,一般振捣两遍即可,即横向和竖向各振捣一遍,第一遍横向振捣主要是把混凝土振捣密实,并防止钢筋随混凝土的捣实而下沉,第二遍是使表面平整。在第二遍振捣时可以考虑选用底板面积较大的振动器,对解决表面平整有显著的优点,并可提高生产效率。

沿施工缝继续浇筑混凝土时,应从新浇灌的混凝土的另一端往施工缝的方向振捣(图 8-16),振动器离施工缝 3～5cm 时,应立即停止振动。

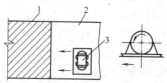

图 8-16 平板式振动器向施工缝振捣示意图
1—先浇灌的混凝土;2—后浇灌的混凝土;3—平板式振动器

平板式振动器除了用来对构件的表面进行振捣作业外,还可用作对构件的侧面进行辅助振捣作业,见图 8-17(a)。这种作业方法对两侧钢筋排列较密的肋形屋面板、空心楼板构件等的侧面振捣,效果更好。平板式振动器做侧面振捣作业时,可在振动器的底板上用螺栓安装两个钢楔子,见图 8-17(b),使用时将钢楔子插入模板上预留置的空档内,并将绳索靠向构件内侧的上方拉紧即可振捣。

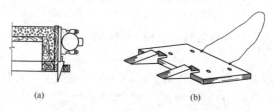

(a)   (b)

图 8-17 平板式振动器侧面振捣示意
(a)振动器侧面振捣;(b)底板上安装两个钢楔子

第三节 混凝土泵送操作

用混凝土泵沿管道输送和浇筑混凝土拌和物称为泵送混凝土,是一种先进的混凝土施工工艺,主要适用于大体积混凝土工程,也能适应水下和隧道工程。它在高空上的水平输送导管达60m以上,垂直输送导管高达100m以上,取代了塔吊吊斗或井架加小车的运输方法。

它具有工效较高(每工浇筑10～20m³混凝土),可降低劳动强度,技术经济效益好等优点。泵送混凝土要求有较大的流动性,泵送混凝土要连续进行,否则易发生阻塞。

一、混凝土输送管敷设

(1)混凝土输送管的种类。输送管种类及选用见表2-8。

(2)混凝土输送管的敷设。

1)管道敷设的原则是路线短、弯道少、接头严密。常见敷设方法见图8-18。

2)混凝土输送管输送距离水平长度换算:由于各种管道的内阻力不同,会造成较大的压力损失,因此在计算混凝土输送距离时,要换算成水平直管状态的输送距离,可参考表8-6进行换算。

表8-6 混凝土输送距离水平长度换算表

管子种类	管子规格	换算成水平长度/m			
向上 垂直管 (1m长)	ϕ100mm	4			
	ϕ125mm	5			
	ϕ150mm	6			
弯管 (每个)	弯折角度90°	半径$R=1$	9	半径$R=0.5$	12
	弯折角度45°	半径$R=1$	4.5	半径$R=0.5$	6
	弯折角度30°	半径$R=1$	3	半径$R=0.5$	4
	弯折角度15°	半径$R=1$	1.5	半径$R=0.5$	2
锥形管 (每个)	ϕ175～150mm	4			
	ϕ150～125mm	10			
	ϕ125～100mm	20			

管 子 种 类	管 子 规 格	换算成水平长度/m
软管	5m 长	20
	3m 长	18

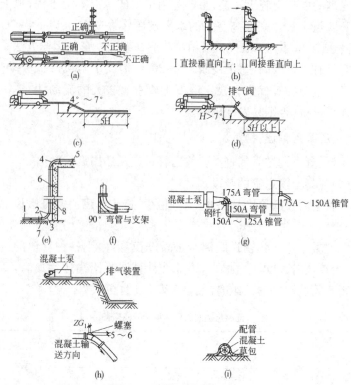

图 8-18　泵送管道敷设示意图

(a)水平输送管道;(b)垂直泵送管道;(c)4°～7°下料管道;(d)大于 7°下料管道;(e)输管支架;

(f)直立 90°弯管固定支架;(g)泵机出口转弯处的弯管及锥形管用插入地下的钢纤固定示意图;

(h)排气装置的安装;(i)夏季泵送施工时用淋湿草袋覆盖在输送管上

1—地面水平管支架;2—45°弯管;3—直管一段;4—弯管;5—楼层水平支架;

6—螺栓紧固在预埋件上;7—基础块;8—建筑物

二、混凝土泵送技术要求

混凝土泵在泵送前要先用水、水泥浆润湿管道,使输送管、泵处于润滑状态,然后开始泵送混凝土。润滑用水、水泥浆和水泥砂浆的用量见表8-7。

表8-7 泵送混凝土润滑用水、水泥浆和水泥砂浆用量表

输送管长度/m	水/L	水 泥 浆		水 泥 砂 浆	
		水泥用量/kg	稠度	用量/m³	配合比(水泥:砂)
<100	30	—	—	0.5	1∶2
100~200	30	—	—	1.0	1∶1
>200	30	100	粥状	1.0	1∶1

用混凝土泵运送混凝土时对混凝土配合比提出了较高的要求,碎石最大粒径与输送管内径之比宜为1∶3,卵石小于或等于1∶2.5,以免堵塞;砂宜用中砂,通过0.315mm筛孔的砂应不少于15%,最好能达到20%,砂率应控制在40%~50%;水泥用量不宜过小,否则泵送阻力增大,一般最小水泥用量宜为300kg/m³,一般混凝土的坍落度宜为8~18cm,66m以上的泵送混凝土坍落度在18~20cm较为适宜。混凝土通过管道弯管时,颗粒间的相对位置发生变化,此处若砂浆量不足就会堵管,因此应增加砂率,通过试配,要求混凝土既能保证强度又要使砂率控制在40%~50%,因为砂率过大既影响强度也会降低流动性。实践证明,在混凝土中掺入粉煤灰可以改善其可泵送性和延长水泥的凝结时间。此外,对混凝土中的石子级配和针、片状颗粒含量(宜在10%以下)也应加以控制。

三、混凝土泵送操作要点

(1)场地要求:泵的场地一般不小于50m³。场地应平整,能承担10t的承载力,附近有供水和排水设施。

(2)开泵准备:对泵的各部位进行检查,没有问题后再发动引擎。正式泵送前让活塞空转5~10min。

(3)启动要求:启动前注意把操纵开关指向停(OFF)的位置,输出量调整在低负荷状态下10m³/h,同时把活塞伸缩阀关紧,把运转阀全部旋开,发动后把分动器拉杆拉起,并把挡挂入第五挡,挂上离合器后,油泵转速应为1400~1500r/min,方可开始泵送。

(4)防止超载:液压油的工作压力、工作温度(不超过 60℃)不应超载,若超载应调整输出量。

(5)泵送要求:混凝土泵输送时应连续进行,尽可能防止停歇。如果不能连续供料,可适当放慢速度,以保证连续泵送。但泵送停歇超过 45min 或混凝土出现离析时,要立即用压力水或其他方法清除泵机和管道的混凝土,再重新泵送。

混凝土泵输送中,要注意观察液压表和泵机各部分的工作状态,一般在泵的出口处容易发生堵塞现象。混凝土泵送时,应每 2h 换一次水洗槽中的水,随时检查泵缸的行程,当有变化时,要随时调整。混凝土垂直向上输送时,可在泵机和垂直管之间设一段 10~15m 的水平输送管道,防止混凝土产生逆流。在高温条件下施工时,要在水平输送管道上盖 1 层或 2 层湿草帘,并隔一定时间对草帘洒水润湿。

(6)停泵要求:泵送要连续进行,遇有不正常的情况时,可减慢速度,如反泵混凝土泵车,可使浇筑软管对准料斗,使混凝土进行循环。短时间停泵要注意观察压力表,逐渐过渡到正常泵送;长时间停泵,应每隔 4~5min 开泵一次,使泵正转或反转各两个冲程,同时开动料斗中的搅拌器,防止混凝土离析。如停泵时间超过 30min,宜将混凝土从泵和管道中清除。泵送结束后,应先将混凝土压完,然后反转,将管道内残留混凝土吸回来,最后用水清洗管道,必要时从进料口塞入海绵球,然后与高压水泵接通,开动水泵,推出球前的混凝土,如此操作两三次,即可洗净管道内的混凝土。

(7)导管要求:导管应牢固地固定在支承件上,特别是垂直管,松动易造成磨损。夏季要防止管内脱水造成堵塞,冬季要保温防止冻结。导管的布置应尽可能短而直,少转弯。在高层泵送中,防止导管中混凝土回压,在向下泵送时,防止导管内出现真空。

四、混凝土泵和泵车操作要点

(1)泵机必须放置在坚固平整的地面上,如必须在倾斜地面停放,可用轮胎制动器卡住车轮,倾斜度不得超过 3°。

(2)若气温较低,空运转时间应长些,要求液压油的温度升至 15℃以上时才能投料泵送。

(3)泵送前应向料斗加入 10L 清水和 0.3m³ 的水泥砂浆,如果管长超过 100m,应随布料管延伸适当增加水和砂浆。

(4)水泥砂浆注入料斗后,应使搅拌轴反转几周,让料斗内壁得到润滑,然后再正转,使砂浆经斗喉部喂入分配阀箱体内。开泵时不要把料斗内的砂浆全部泵出,应保留在料斗搅拌轴轴线以上,待混凝土加入料斗后再一起泵送。

(5)泵送作业中,料斗中的混凝土平面应保持在搅拌轴轴线以上,供料跟不上时要停止泵送。

(6)料斗网格上不得堆满混凝土,要控制供料流量,及时清除超粒径的骨料及异物。

(7)搅拌轴卡住不转时,要暂停泵送,及时排除故障。

(8)发现进入料斗的混凝土有分离现象时,要暂停泵送,待搅拌均匀后再泵送。若骨料分离严重,料斗内灰浆明显不足时,应剔除部分骨料,另加砂浆重新搅拌。必要时可打开分配阀阀窗,把料斗及分配阀内的混凝土全部清除。

(9)供料中断时间,一般不宜超过 1h。停泵后应每隔 10min 做 2 个或 3 个冲程反泵-正泵运动,再次投入泵送前应先搅拌。

(10)垂直向上泵送中断后再次泵送时,要先进行反泵,使分配阀内的混凝土吸回料斗,经搅拌后再正泵泵送。

(11)作业后如管路装有止流管,应插好止流插杆,防止垂直或向上倾斜管路中的混凝土倒流。

(12)清洗前拆去锥管,把直管口部的混凝土掏出,接上气洗接头。接头内应塞好浸水海绵球,在接头上装进、排气阀和压缩空气软管。

(13)在管路末端装上安全盖,其孔口应朝下。若管路末端已是垂直向下或装有向下 90°弯管,可不装安全盖。

(14)气洗管件装妥后,徐徐打开压缩空气进气阀,压缩空气使海绵球将混凝土压出。如管路装有止流管,应先拔出止流插杆,并将插杆孔盖盖上,再打开进气阀。

(15)当管中混凝土即将排尽时,应徐徐打开放气阀,以免清洗球飞出时对管路产生冲击。

(16)洗泵时,应打开分配阀阀窗,开动料斗搅拌装置,做空载推送动作。同时在料斗和阀箱中冲水，直至料斗、阀箱、混凝土缸全部洗净，然后清洗泵的外部。若泵机几天内不用，则应拆开工作缸橡胶活塞，把水放净。如果水质较浑浊，还得清洗水系统。

第九章 混凝土结构浇筑操作

第一节 混凝土基础浇筑施工

一、独立基础的混凝土浇筑要点

常见的独立基础有桩基承台、柱基础、小型设备基础等。按形状分台阶式基础和杯形基础,其浇筑工艺基本相同。

独立基础浇筑的操作工艺顺序:浇筑前的准备工作→混凝土的灌注→混凝土的振捣→基础表面的修整→混凝土的养护→模板的拆除。

1. 浇筑前的准备工作

(1)浇筑前,必须对模板安装的几何尺寸、标高、轴线位置进行检查,是否与设计相一致。

(2)检查模板及支撑的牢固程度,严禁边加固边浇筑。模板拼接的缝隙是否漏浆。

(3)基础底部钢筋网片下的保护层垫块应铺垫正确,对于有垫层的钢筋保护层厚度为 35mm,无垫层的保护层厚度为 70mm。

(4)清除模板内的木屑、泥土等杂物,混凝土垫层表面要清洗干净,不留积水。木模板应浇水充分湿润。

(5)基础周围做好排水准备工作,防止施工水、雨水流入基坑或冲刷新浇筑的混凝土。

2. 操作技巧

(1)对只配置钢筋网片的基础,可先浇筑保护层厚度的混凝土,再铺钢筋网片。这样保证底部混凝土保护层的厚度,防止地下水腐蚀钢筋网,提高耐久性。在铺完钢筋网的同时,应立即浇筑上层混凝土,并加强振捣,保证上下层混凝土紧密结合。

(2)当基础钢筋网片或柱钢筋相连时,应采用拉杆固定性的钢筋,避免位移和倾斜,保证柱筋的保护层厚度。

(3)浇筑次序:先浇钢筋网片底部,再浇边角;每层厚度视振捣工具而定。同时应注意各种预埋件和杯形基础或设备基础预埋螺栓模板底的标高,以便于安装模板或预埋件。

(4)继续浇筑时应先浇筑模板或预埋件周边的混凝土,使它们定位后再浇筑其他。

(5)如为台阶式基础,浇筑时注意阴角位的饱满,见图9-1,先在分级模板两侧将混凝土浇筑成坡状,然后再振捣至平整。

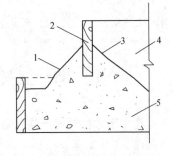

图9-1 台阶式基础浇筑方法

1—外坡;2—模板;3—内坡;

4—后浇混凝土;5—已浇混凝土

(6)如为杯形基础或有预埋螺栓模板的设备基础,为防止杯底或螺栓模板底出现空鼓,可在杯底或螺栓模板底预钻出排气孔,如图9-2所示。

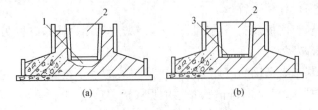

(a)   (b)

图9-2 杯形基础的内模装置

(a)内模无排气孔;(b)内模有排气孔

1—杯底有空鼓;2—内模;3—排气孔

(7)前条所述预留模板安装固定好后,布料时应先在模板外对称布料,把模板位检查一次,方可继续在其他部位浇筑。为防止预留模板产生位移、挤斜、浮起,振捣时应小心操作,避免过振。

(8)杯口及预留孔模板在初凝后可稍为抽松,但仍应保留在原位,避免意外坍落,待达到拆模强度时,全部拆除。

(9)整个布料和捣固过程,应防止离析。

3.混凝土的灌注

(1)深度小于2m的基坑,在基坑上铺脚手板并放置铁皮拌盘,运输来的混凝土料先卸在拌盘上,用铁锹采用"带浆法"向模板内灌注,当灌注至基础表面时则应反锹下料。

（2）深度大于 2m 的基坑，从边角开始采用串筒或溜槽向中间灌注混凝土，按基础台阶分层灌注，分层厚度为 25～30cm。每层混凝土要一次卸足，振捣完毕后，再进行第二层混凝土的灌注。

4.混凝土的振捣

（1）基础的振捣应采用插入式振动器以行列式进行插点振捣。每个插点振捣时间控制在 20～30s，以混凝土表面泛浆，无气泡为准。边角等不易振捣密实处，可用插扦配合捣实。

（2）对于锥式杯形基础，浇筑到斜坡处时，一般在混凝土平下阶模板上口后，再继续浇捣上一台阶混凝土；以下阶模板的上口和上阶模板的下口为准，用大铲收成斜坡状，不足部分可随时补加混凝土并拍实、抹平，使之符合设计要求。

（3）在浇筑台阶式杯形基础时，应防止"吊脚"（上层台阶与下层台阶混凝土脱空）现象发生在台阶交角处。

5.基础表面的修整

（1）浇筑完毕后，要对混凝土表面进行铲填、拍平等修整工作，使之符合设计要求。

（2）铲填工作由低处向高处进行，铲高填低。对于低洼和不足模板尺寸部分应补加混凝土填平、拍实，斜坡坡面不平处应加以修整。

（3）基础表面压光时随拍随抹，局部砂浆不足时应补浆收光。斜坡面收光，应从高处向低处进行。

（4）混凝土在初凝后至终凝前，及时清理、铲除、修整杯芯模板内多余的混凝土。

（5）杯形基础模板拆除后，对其外观出现的蜂窝、麻面、孔洞和露筋等缺陷，应根据其修补方案及时进行修补。

二、条形基础的混凝土浇筑

条形基础一般为墙壁等围护结构的基础，四周连通或与内部横墙相连，通常利用地槽土壁为两侧模板。条形基础的混凝土，分支模浇筑和原槽浇筑两种施工方法，以原槽浇筑为多见。但对于土质较差，不支模难以满足基础外形和尺寸的，应采用支模浇筑。

条形基础操作工艺顺序:浇筑前的准备工作→混凝土的浇筑→混凝土的振捣→基础表面的修整→混凝土的养护。

1. 浇筑前的准备工作

(1)浇筑前,经测设并在两侧土壁上交错打入水平桩。桩面高度为基础顶面的设计标高。水平桩长约10cm,间距为3m左右,水平桩外露2～3cm。如采用支模浇筑,其浇筑高度则以模板上口高度或高度线为准。

(2)清除干净基底表面的浮土、木屑等杂物。对于无垫层的基底表面应修整铲平;有混凝土垫层的,应用清水清扫干净并排除积水;干燥的非黏性地基土应适量洒水润湿。

(3)有钢筋网片的,绑扎牢固、保证间距,按规定加垫好混凝土保护层垫块。

(4)模板缝隙,应用油毡纸或腻子堵塞。模板支撑合理、牢固,满足浇筑要求。木模板在浇筑前应浇水润湿。

(5)做好通道、拌料铁盘的设置,施工水的排除等准备工作。

2. 混凝土的浇筑

(1)从基槽最远一端开始浇筑,逐渐缩短混凝土的运输距离。

(2)条形基础浇筑时,按基础高度分段、分层连续浇筑,每段浇灌长度宜控制在3m左右。第一层灌注并集中振捣后再进行第二层的灌注和振捣。

(3)基槽深度小于2m的,且混凝土工程量不大的条形基础,就将混凝土卸在拌盘上,用铁锹集中投料。混凝土工程量较大,且施工场地通道条件不太好的,可在基槽上铺设通道桥板,用手推车直接向基槽投料。

(4)基槽深度大于2m的,为防止混凝土离析,必须用溜槽下料。投料时都采用先边角、后中间的方法,以保证混凝土的浇筑质量。

3. 混凝土的振捣

条形基础的振捣宜选用插入式振动器以"交错式"布置插点。控制好每个插点的振捣时间,一般以混凝土表面泛浆、无气泡为准并遵守"快插慢拔"的操作要领。同时应注意分段、分层结合处、基础四角及纵模基础交接处的振捣,以保证混凝土的密实。

4.基础表面的修整

混凝土分段浇筑完毕后,应立即用大铲或铁锹背将混凝土表面拍平、压实。或反复搓平,坑凹处用混凝土补平。

第二节　混凝土结构构件浇筑施工

一、混凝土柱的浇筑

1.混凝土浇筑

(1)先在底部铺上与构件混凝土同强度、同品质的 $50\sim100mm$ 厚的水泥砂浆层。

(2)为了避免用泵送或料斗投送或人工布料时的混乱,每个工作点只能由一人专职布料。

(3)如泵送或吊斗布料的出口尺寸较大,而柱的短边长度较小,为避免拌和物散落在模外或冲击模具使模具变形,不可直接布料入模,可在柱上口旁设置布料平台,先将拌和物卸在平台的拌板上,再用人工布料。

(4)如有条件直接由布料杆或吊斗卸料入模,应注意两点,一是拌和物不可直接冲击模型,避免模型变形;二是卸料时不可集中一点,造成离析,应移动式布料,如图9-3所示。

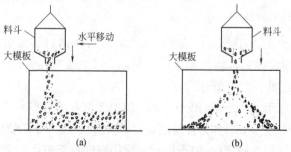

图9-3　料斗移动对混凝土浇筑质量的影响

(a)正确,料斗沿大模板移动,混凝土均匀;(b)错误,固定一点浇筑混凝土,产生离析

(5)必须说明的是,插入式振动器(振捣棒)长度一般为 300mm 左右,但其实际工作作用部分不超过 250mm;另外,由于保护振捣棒与软轴接合处的耐用性,在使用时插入混凝土的长度不应超过振捣棒长度的 3/4。对用软轴式振动器的混凝土浇灌厚度,每层可定为 300mm。

(6)捣固工作由 2 人负责,1 人用振动器或用手工工具对中心部位进行捣固,另 1 人则用刀式插棒(图 9-4)对构件外周进行捣固,以保证周边的饱满平整。

(7)使用软轴式振动器宜选用软轴较长的。操作时在振捣棒就位后方可通电。避免振捣棒打乱钢筋或预埋件。

(8)振捣棒宜由上口垂直伸入,易于控制。

(9)在浇筑大截面柱时,如模板安装较为牢固,可在模板外悬挂轻型外部振动器振捣。

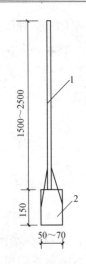

图 9-4 刀式插棒
1—ϕ16mm 空心
钢管;2—$\delta=1.5\sim$
2.5mm薄钢板

(10)在浇筑竖向构件时,在模板外面应派专人观察模板的稳定性,也可用木锤轻轻敲打模板,使外表砂浆饱满。

(11)竖向构件混凝土浇筑成型后,粗骨料下沉,有浮浆缓慢上浮,在柱、墙上表面将出现浮浆层,待其静停 2h 后,应派人将浮浆清出,方可继续浇筑新混凝土。

2.混凝土的灌注

(1)柱高不大于 3m,柱断面大于 40cm×40cm,且又无交叉箍筋时,混凝土可由柱模顶部直接倒入。当柱高大于 3m 时,必须分段灌注,每段的灌注高度不大于 3m。

(2)柱断面在 40cm×40cm 以内或有交叉箍筋的分段灌注混凝土,每段的高度不大于 2m。如果柱箍筋妨碍斜溜槽的装置,可将箍筋一端解开向上提起,混凝土浇筑后,门子板封闭前将箍筋重新按原位置绑扎,并将门子板封上,用柱箍箍紧。使用斜溜槽下料时,可将其轻轻晃动,使下料速度加快。分层浇筑时切不可一次投料过多,以免影响浇筑质量。

(3)柱混凝土灌注前,柱基表面应先填以 5~10cm 厚与混凝土内砂浆成分相同的水泥砂浆,然后再灌注混凝土。

(4)断面尺寸狭小且混凝土柱又较高时,为防止混凝土灌至一定高度后,柱内聚积大量浆水而可能造成混凝土强度不均的现象,在灌注至一定高度后,应适量减少混凝土配合比的用水量。

(5)采用竖向串筒、溜管导送混凝土时,柱子的灌注高度可不受限制。

(6)浇筑一排柱子的顺序应从两端同时开始向中间推进,不可从一端开始向另一端推进。

3. 混凝土柱的振捣

(1)柱混凝土多应用插入式振动器。当振动器的软轴比柱长 0.5~1m 时,待下料达到分层厚度后,即可将振动器从柱顶伸入混凝土层内进行振捣。注意插入深度,振动器软轴不要晃动过大,以避免碰撞钢筋。

(2)振动器找好振捣位置时,再合闸振捣。

(3)混凝土的浇捣,需 3 人或 4 人协同操作,2 人负责卸料,1 人负责振捣,另 1 人负责开关振动器。

(4)当插入式振动器的软轴短于柱高时,则应从柱模板侧面的门子洞将振动器插入。

(5)振捣时,每个插点的振捣时间不宜过长,如振捣时间过长,在分层浇筑时,振动器的棒头应伸入到下层混凝土内 5~10cm,以保证上下层混凝土结合处的密实性。操作时应掌握"快插慢拔"的要领,以保证混凝土振捣密实。

(6)当柱断面较小,钢筋较密时,可将柱模一侧全部配成横向模板,从下至上,每浇筑一节模板封闭一节。

4. 柱模板的拆除

柱模板的拆除应以后装先拆、先装后拆的顺序拆除。拆模时不可用力过猛过急,以免造成柱边角缺棱掉角,影响混凝土的外观质量。

5. 模板的拆除时间

应待混凝土强度能保证其表面及棱角不因拆除模板而受损坏时,

方可拆模。

6.混凝土捣实

混凝土捣实的观察,用肉眼观察振捣过的混凝土,具有下列情况者,可认为已达到沉实饱满的要求。

(1)模型内混凝土不再下沉。

(2)表面基本形成水平面。

(3)边角无空隙。

(4)表面泛浆。

(5)不再冒出气泡。

(6)模板的拼缝外,在外部可见有水迹。

二、混凝土墙的浇筑

混凝土墙体的模板可采用定型模板(图 9-5),也可采用拼装式模板,墙体混凝土浇筑的操作工艺顺序及操作方法同混凝土柱基本相同。

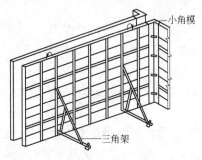

图 9-5　混凝土墙体大模板

1.混凝土的灌注

(1)墙体混凝土灌注时应遵循先边角后中部,先外部后内部的顺序,以保证外部墙体的垂直度。

(2)高度在 3m 以内,且截面尺寸较大的外墙与隔墙,可从墙顶向模板内卸料。卸料时须安装料斗缓冲,以防混凝土离析。对于截面尺寸狭小且钢筋较密集的墙体,以及高度大于 3m 的任何截面的墙体混凝土的灌注,均应沿墙高度每 2m 开设门子洞、装上斜溜槽卸料。

(3)当泵送或吊斗布料的出口尺寸较大,而墙厚时,不可直接布料入模,避免拌和物散落在模外或冲击模具使之变形,可在墙体的上口旁设置布料平台,先将拌和物卸在平台的拌板上,再用人工布料。

(4)灌注截面较狭且深的墙体混凝土时,为避免混凝土浇筑至一定高度后,由于积聚大量的浆水,而可能造成混凝土强度不匀的现象,宜在灌至适当高度时,适量减少混凝土用水量。

(5)墙壁上有门、窗及工艺孔洞时,应在其两侧同时对称下料,以确保孔洞位置。

(6)墙模灌注混凝土时,应先在模底铺一层厚度 50～80mm 的与混凝土内成分相同的水泥砂浆,再分层灌注混凝土。

2.混凝土的振捣

(1)对于截面尺寸厚大的混凝土墙,可使用插入式振动器振捣。而一般钢筋较密集的墙体,可采用附着式振动器振捣,其振捣深度为25cm 左右。

(2)墙体混凝土应分层灌注,分层振捣。下层混凝土初凝前,应进行上层混凝土的浇捣,同一层段的混凝土应连续浇筑。

(3)在墙角、墙垛、悬臂构件支座、柱帽等结构节点的钢筋密集处,可用小口径振捣棒或人工捣固,保证密实。

(4)在浇筑较厚墙体时,如模板安装较为牢固,可在模板外悬挂轻型外部振动器振捣。

(5)使用插入式振动器,如遇门、窗洞口时,应两侧对称振捣,避免将门、窗洞口挤偏。

(6)对于设计有方形孔洞的墙体,为防止孔洞底模下出现空鼓,通常浇至孔洞底标高后,再安装模板,继续向上浇筑混凝土。

(7)墙体混凝土使用插入式振动器振捣时,如振动器软轴较墙高长时,待下料达到分层厚度后,即可将振动器从墙顶伸入墙内振捣。

如振动器软轴较墙高短时,应从门子洞伸入墙内振捣。先找到振捣位置后,再合闸振捣,以避免振动器撞击钢筋。使用附着式振动器振捣时,可分层灌注、分层振捣,也可边灌注、边振捣等。

(8)当顶板与墙体整体现浇时,顶板端部分的墙体混凝土应单独浇捣,以保证墙体的整体性和抗震能力。同一层的剪力墙、筒体墙、与柱连接的墙体,均属一个层段的整体结构,其浇筑方法与进度应同步进行。

(9)竖向构件混凝土浇筑成型后,粗骨料下沉,有浮浆缓慢上浮,在墙上表面将出现浮浆层,待其静停 2h 后,应将浮浆清出,方可继续浇筑新混凝土。

(10)对柱、墙、梁捣插时,宜轻插、密插,捣插点应螺旋式均匀分布,由外围向中心先靠拢。边角部位宜多插,上下抽动幅度在 100～200mm。应与布料深度同步。截面较大的构件,应 2 人或 3 人同时捣插,也可同时在模板外面轻轻敲打,以免蜂窝等缺陷出现。

三、混凝土梁的浇筑

梁是水平构件,主要是受弯结构。浇筑工艺要求较高。其架构形式如图 9-6 所示。各种荷载先由楼板 1 传递至次梁 2,再传递至主梁 3,再传递至柱 4,是由上而下传递的。但混凝土浇筑程序则由下而上,同时要在下部结构浇筑后体积有一定的稳定性时才可逐步向上浇筑。

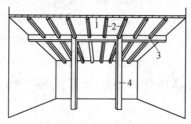

图 9-6 柱、梁、楼板结构组合图

1—楼板;2—次梁;3—主梁;4—柱子

安装工作平台后,即可开始工作。工作中严禁踩踏钢筋。

(1)为保证工程的整体性,主梁和次梁应同时浇筑(如有现浇楼板的也应同时浇筑)。

(2)为保证钢筋骨架保护层垫块的数量和完好性应采用留置保护层的做法。禁止采用先布料后提钢筋网的办法。

(3)为避免因卸料或摊平料堆而致使钢筋位移,布料时,混凝土应卸在主梁或少筋的楼板上,不应卸在边角或有负筋的楼板上。

(4)布料时,因在运输途中振动,拌和物可能骨料下沉、砂浆上浮;

或搅拌运输车卸料不均,均可能使拌和物产生"这车浆多,那车浆少"的现象。注意卸料时不应叠高,而是用一车压半车,或一斗压半斗,如图9-7所示,做到卸料均匀。

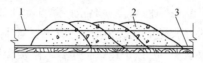

图9-7　小车下料一车压半车法
1—楼板厚度线;2—混凝土;3—钢筋网

(5)如用人工布料和捣固时,可先用赶浆捣固法浇筑梁。应分层浇筑,第一层浇至一定距离后再回头浇筑第二层,成阶梯状前进,如图9-8所示。

(6)堆放的拌和物,可先用插入式振动器按图9-9摊平混凝土的方法将之摊平。再用平板振动器或人工进行捣固。

(7)主次梁交接部位或梁的端部是钢筋密集区,浇筑操作较困难,通常采用下列技巧。

在钢筋稀疏的部位,用振捣棒斜插振捣,如图9-10所示。

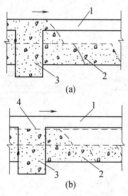

图9-8　梁的分层浇筑
(a)主梁高小于1m的梁;(b)主梁高大于1m的梁
1—楼板;2—次梁;3—主梁;4—施工缝

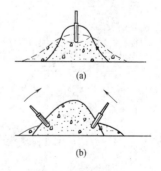

图9-9　摊平混凝土
(a)正确;(b)错误

在振捣棒端部焊上厚8mm、长200~300mm的扁钢片,做成剑式振捣棒进行振捣,如图9-11所示。但剑式振捣棒的作用半径较小,振点应加密。在模板外部用木锤轻轻敲打。

(8)反梁的浇筑:反梁的模板通常是采用悬空支撑,用钢筋将反梁的侧模板支离在楼板面上。如浇筑混凝土时将反梁与楼板同时浇筑,因反梁的混凝土仍处在塑性状态,将向下流淌,形成断脖子现象,如图9-12所示。正确的方法是浇筑楼板时,先浇筑反梁下的混凝土楼板,并将其表面保留凹凸不平,如图9-12(b)所示。待楼板混凝土至初凝,在出搅拌机后40~60min,再继续按分层布料、捣固的方法浇筑反梁混凝土,捣固时插入式振捣棒应伸入混凝土30~50mm,使前后混凝土紧密凝结成为一体,如图9-12(c)所示。

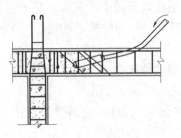

图 9-10　插入式振动器钢筋密
集处斜插振捣

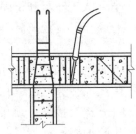

图 9-11　剑式插入式振动器作业

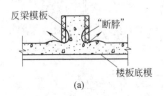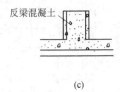

图 9-12　反梁浇筑次序

(a)板梁同时浇筑;(b)先浇筑楼板;(c)后浇筑反梁

四、肋形楼板混凝土浇筑

楼板和梁是水平构件,主要是受弯结构。肋形楼板是由主梁、次梁和板组成的典型的梁板结构。主梁设置在柱和墙之间,断面尺寸较大,次梁设置在主梁之间,断面较主梁小,平板设置在主梁和次梁上。其模板一般为木模或定型组合钢模。

　　肋形楼板的浇筑工艺顺序：浇筑前的准备工作→梁、板混凝土的灌注→混凝土的振捣→混凝土表面的修整→养护→拆模。

　　1.混凝土的灌注

　　(1)有主次梁的肋形楼板,混凝土的浇筑方向应顺次梁方向,主次梁和板同时分层浇筑。

　　(2)在保证主梁浇筑的前提下,将施工缝留置在次梁跨中1/3的范围内。

　　(3)布料时,宜将混凝土先卸在铁拌盘上,再用铁锹往梁板里灌注混凝土。灌注时采用"带浆法"下料,即铁锹背靠着梁的侧模向下倒。在梁的同一位置的两侧各站1人,一边一锹均匀下料。

　　(4)灌注楼板混凝土时,可直接将混凝土料卸在模板上。但须注意,不可集中卸在楼板边角或有上层构造钢筋的楼板处。同时还应注意小车或料斗的浆料,将浆多石少或浆少石多的混凝土均匀搭配。楼板混凝土的虚铺高度可比楼板厚度高出 20～25mm。

　　2.混凝土的振捣

　　(1)对楼板构件,多采用平底锤、平底木桩或用铲背拍打。人工捣固用"带浆法"操作。操作时由板边开始,铺上一层厚约 10mm、宽 300～400mm 的与混凝土成分相同的水泥砂浆。与浇筑前进方向一致,用铁锹采用反锹下料的方法浇筑的面积达到 $2m^2$ 时,用锹背将混凝土拍平、拍实,并前后往复轻揉,将表面原浆拉平。若个别部位石子集中拍不出浆来时,可从混凝土料中剔出石子,取水泥浆补上,再拍平。直至全部浇筑完毕。

　　(2)当梁高度大于 1m 时,可先浇筑主次梁混凝土,后浇筑楼板混凝土,其水平施工缝留置在板底以下 20～30mm 处。当梁高度大于 0.4m 小于 1m 时,应先分层浇筑梁混凝土,待梁混凝土浇筑至楼板底时,梁与板再同时浇筑。

　　(3)梁混凝土的捣固应采用插入式振动器振捣。浇筑时,由梁的一端开始向另一端推进,并根据梁的高度分层浇捣成阶梯形。当浇筑至板底位置时,再与板一起浇筑,直至梁混凝土全部浇筑完毕。

　　(4)浇筑楼板混凝土时也可采用平板振动器振捣。

3.混凝土表面的修整

板面如需抹光时,先用大铲将表面拍平,局部石多浆少的,另补浆拍平,再用木抹子打搓,最后用铁抹子压光。对因木橛子取出后而留下的洞眼,应用混凝土补平拍实后再收光。

五、其他现浇构件的浇筑

悬挑构件的浇筑工艺:悬挑构件是指悬挑出墙、柱、圈梁及楼板以外的构件,如阳台、雨篷、天沟、屋檐、牛腿、挑梁等。根据构件截面尺寸大小和作用分为悬臂梁和悬臂板。悬臂构件的受力特征与简支梁正好相反,其板件上部承受拉力,下部承受压力。悬臂构件靠支承点(砖墙、柱等)与后部的构件平衡。

1.混凝土的灌注与捣固

悬挑构件的浇筑顺序:悬挑构件的悬挑部分与后面的平衡构件的浇筑必须同时进行,以保证悬挑构件的整体性;浇筑时,应先内后外,先梁后板一次连续浇筑,不允许留置施工缝。

(1)对于悬臂梁,因工程量不太大,宜将混凝土料卸在铁皮拌盘上,再用铁锹或小铁桶传递下料。由于悬挑构件的截面不太高,因此可一次将混凝土料下足后,集中用插入式振动器振捣。对于支点外的悬挑部分,如钢筋较密,可采用带刀片的插入式振动器振捣或配合人工捣固的方法使混凝土密实。对于条件不具备的,也可用工人"赶浆法"捣固。

(2)对于悬臂板,应顺支承梁的方向,先浇筑梁,待混凝土平板底后,梁板同时浇筑,切不可待梁混凝土浇筑完后,再回过去浇筑板。对于支承梁,可用插入式振动器振捣,也可用人工"赶浆法"捣固。对于悬挑板部分,因板厚较小,宜采用人工"带浆法"捣固,板的表面用锹背拍平、拍实,反复揉搓至表面出浆为准。

2.混凝土的养护

混凝土初凝后,表面即可用草帘等覆盖物覆盖,终凝后即浇水养护。用硅酸盐水泥、普通水泥、矿渣水泥拌制的混凝土,在常温下养护时间不得少于7d,用其他品种水泥拌制的混凝土的养护时间视水泥性质决定。

3.拆模

悬挑构件的侧板,至混凝土强度可保证其表面及棱角不因拆模而破坏时,方可拆除。而对悬挑部分的底模则按规定的要求拆除。

第三节　混凝土施工缝及处理

为了保证现浇钢筋混凝土结构的整体性,在安排施工时,最好是连续浇筑。但由于结构或构件的多样性,以及劳力、时间、设备、工种配合等客观上的限制,连续浇筑往往有困难,使结构或构件产生接缝,称为施工缝。

目前大量应用的装配式、装配整体式结构,各混凝土构件之间的接缝,实际上也属于施工缝。

施工缝是不得已人为造成的薄弱点,而不是结构或构件的必然薄弱点。

施工缝的位置不当或处理不妥,对结构的受力、防水、抗震、防腐都是不利的,尤其会影响结构的整体性。

一、混凝土施工缝的设置原则

施工缝在整个结构上来讲,是一条薄弱带,而这条薄弱带主要是由混凝土失去连续性造成的。通常都强调施工缝应该选择留在剪力或拉力小的部位,这是针对混凝土的力学性能而言的,混凝土的抗拉强度比其抗压强度低很多,是其 $1/18 \sim 1/9$,且混凝土的抗剪取决于其抗拉强度。一般在结构计算上不考虑混凝土的抗拉能力,施工缝避开这些地方无疑是正确的。但是应该综合考虑其他因素,其中主要因素就是施工的可能性。例如,柱子等构件的施工缝,并不是结构上剪力或拉力较小的部位,而是照顾施工中必须分层的需求而选择的部位。所以,施工缝的部位应该是结构受力较明确,剪力或拉力较小,且施工方便的部位。

从整体结构上讲,施工缝应尽量分散错开,避免把施工缝安排在同一个水平面或垂直面上。例如,某宿舍是三层混合结构,现浇钢筋混凝土楼板的施工缝,都留在各层的同一部位,同一房间内,使整个结构一分为二,施工缝处楼板开裂波及外墙,严重地损害了房屋的整体性。

材料力学表明,凡有集中力的地方,都有较大的剪力。所以,施工缝应避开有集中力的部位,例如有主次梁的结构,主梁要承受次梁传递来的集中力,施工缝不应留在主梁上,宜顺着次梁方向浇筑。

因此,施工缝的位置应在混凝土浇筑前按设计要求和施工技术方案确定。施工缝的处理应按施工技术方案执行。施工技术方案要考虑到施工的方便与可能,同时也应注意施工顺序。

例如,当设计要求柱子的施工缝留置在基础的顶面时,如图 9-13 (a)中的Ⅰ-Ⅰ所示。但有的柱子埋深较大,若把施工缝留在基础顶面,势必影响柱基坑的回填;若柱子的钢筋要求深入基础内锚固,则柱子钢筋的预留长度(层高+埋深-基础高度)过长,钢筋易错位,产生轴线位移,施工不方便。若经过设计许可,把施工缝移到地面厚度的中间,如图 9-13(b)中的 A-A 所示,可以使刚性地面的混凝土对柱子起一定的嵌固作用,甚至可以有意识地加厚柱子周围的混凝土地面,在受力上、施工上都有利,等于减少了柱子的计算长度。

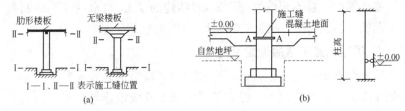

图 9-13 柱的施工缝

又如楼梯混凝土施工缝的位置,按要求应留在楼梯段长度中间的 1/3 范围内,可是多层住宅的楼梯往往随着建筑物的主体同时施工,当浇筑下层梁板及楼梯时,上层尚无法支模,因此,不能考虑在上折楼梯长度的 1/3 范围内留施工缝。如果留在下一折楼梯上,那就不能使梁板现浇混凝土与楼梯混凝土相衔接,一般把施工缝留在楼梯梁的水平面上是错误的,如果把施工缝留在楼梯梁和楼梯间平台板上,如图9-14所示,按规定单向板可在平行于板的短边任何位置留施工缝,楼梯梁的施工缝也留在中间的 1/3 长度内。

据以上所述,对于施工缝留置的原则,归纳以下四点。

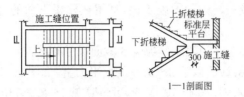

图 9-14 楼梯平面图

(1)施工缝不应设置在结构的薄弱处或受力不明确处,宜留在受剪力较小的部位;

(2)施工缝不宜设置在整个结构的同一垂直面上或水平面上;

(3)施工缝的位置应考虑结构的布置和荷载的具体状况;

(4)施工缝的位置应考虑施工的可能与方便。

二、施工缝的允许留置部位

按以上原则和规范要求,一般结构的施工缝允许留置部位如下。

1.水平施工缝

(1)基础与基础梁间、基础梁与柱间的施工缝,宜留置在基础梁的下面和上面的水平面上,如图 9-15(a)所示;

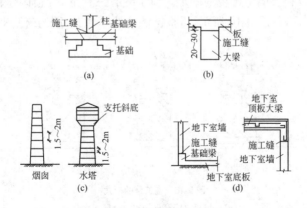

图 9-15 水平施工缝

(2)柱与基础间的施工缝,宜留在基础上面的水平面上,如图 9-15所示;

(3)无梁楼板与柱间的施工缝,宜留在柱帽下面的水平面上,如图9-15所示;

(4)板与梁应一起浇筑。当梁的截面尺寸很大时(大于1m×1m),施工缝可留在板底面以下2～3cm的水平面上,如图9-15(b)所示;

(5)烟囱、水塔、水池的施工缝,可每隔1.5～2.0m留一道。但水塔结构中水箱的施工缝,应避免留在支托斜底部分,如图9-15(c)所示;

(6)地下室钢筋混凝土墙的水平施工缝,下面可留在地下室地面上的"止水"处或基础梁上皮;上面可留在楼面梁的下面某处,其距离视梁或板深入墙内钢筋的长度而定,如图9-15(d)所示;

(7)设备基础的施工缝留在地脚螺栓底端至以下150mm范围内。当地脚螺栓直径小于30mm时,水平施工缝可留在不小于地脚螺栓埋入混凝土部分长度的3/4处;

(8)防水混凝土结构的底板应连续施工,不得在底板任何位置留施工缝。墙体上也不允许留置垂直施工缝,因在整体的底板与墙体垂直施工缝的交接处,很难做好防水处理,结构在受力后容易产生裂缝,导致渗水或漏水。墙体水平施工缝一般宜留在高出底板上皮200mm处,这是考虑到如果施工缝位置过高,墙体支模不好处理,这样可以避开八字脚,也有利于墙体模板的固定。施工缝有三种形式:企口缝、高低缝、金属止水片,如图9-16所示,可根据墙体的厚薄、钢筋的疏密采用。

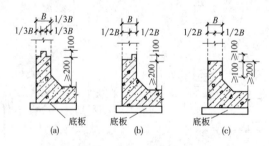

图9-16 施工缝的形式

(a)企口缝;(b)高低缝;(c)金属止水片

2.垂直施工缝

(1)浇筑单向板时,施工缝可留在与板跨平行的任何位置,如图

9-17(a)所示;

(2)肋形楼板应顺着次梁方向浇筑,施工缝留在次梁跨度的中间1/3范围内,如图 9-17(b)所示;

(3)现浇的有斜梁的框架、梁、柱应连续浇筑。如必须分开浇筑时,施工缝宜留在斜梁加腋的上部,如图 9-17(c)所示;

(4)地下室墙体的施工缝,必要时可留在两根横梁之间,如图 9-17(d)所示;

(5)承受力的设备基础,标高不同的两个水平施工缝,其高低接合处应留成台阶形,台阶的高宽比不得大于 1。

双向板、厚大结构、拱、穷拱、薄壳、蓄水池、斗仓、水池、多层刚架及其他结构复杂的工程,施工缝的位置应按设计要求留置。

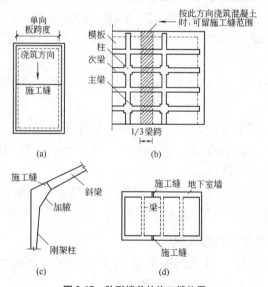

图 9-17　肋形楼盖的施工缝位置

由于新混凝土被振捣,将影响原有混凝土的强度增长,新旧混凝土也结合不好。因此,施工缝临近的已浇筑的混凝土,其抗压强度应不小于 1.2MPa。

3.施工缝的处理

施工缝处混凝土的抗拉强度与施工缝的处理方法有密切的关系,

见表 9-1。

表 9-1 施工缝的处理方法与混凝土拉伸强度的关系

水平施工缝		垂直施工缝	
处 理 方 法	拉伸强度	处 理 方 法	拉伸强度
不做任何处理	约 45%	不做任何处理	约 57%
将连接面表面削去 1mm	约 77%	连接面抹砂浆	约 72%
将连接面表面削去 1mm 再抹水泥浆	约 93%	在连接面上抹水泥浆	约 77%
将连接面表面削去 1mm 再抹砂浆	约 96%	将连接面表面削去 1mm 再抹砂浆	约 83%
将连接面表面削去 1mm 抹水泥浆,3h 后浇混凝土并振捣,再次凝固	约 100%	将连接面表面削去 1mm 抹水泥浆,3h 后浇混凝土,振捣,再次凝固	约 98%

注:表中以混凝土本身的抗拉强度为 100%,砂浆指强度等级与混凝土强度等级相同或略高的砂浆。

对于水平施工缝,通常将表面凿毛并清除浮渣后铺一层高强度水泥砂浆,然后按浇筑新混凝土的方法处理,靠接触面粗糙和重力作用下产生摩擦力提高其抗剪能力。

对于垂直施工缝,无从考虑其摩擦力,只能采取能避则避的办法,或者要考虑新老混凝土的黏结力及凹凸不平表面产生的咬合力。

三、混凝土施工缝的处理

施工缝的处理,受很多因素影响,我们应当因时制宜、因地制宜地处理好施工缝。主要有以下几个因素。

(1)时间与温度因素。在施工中停歇时间超过水泥的初凝时间才构成施工缝,小于初凝时间不做施工缝处理。水泥的凝结和硬化与气温关系很大,温度高则时间短,温度低则时间长,最好由水泥和混凝土的硬化试验决定。一般水泥按 2h 掌握初凝时间,夏天、冬天的气温不相同,这一点现场施工应予注意。

混凝土的线膨胀系数为 $0.01 \times 10^{-3} \sim 0.014 \times 10^{-3}$,由于温差使混

凝土开裂,一般集中于混凝土的薄弱处,因此施工缝是敏感的地方。有的地区日温差较大,露天连续浇筑的混凝土结构应该采取相应措施,防止由于温差引起的施工缝处裂纹。

(2)混凝土收缩对施工缝的影响。混凝土收缩应变是 $0.2 \times 10^{-3} \sim$ 0.4×10^{-3},此值超过了混凝土的抗拉极限应变 $0.1 \times 10^{-3} \sim 0.15 \times 10^{-3}$,因此极易出现收缩裂纹。收缩变形一般发生在前半年,达全部收缩量的 $80\% \sim 90\%$,前两个月可达 70% 以上,一般施工缝处理,正值其剧烈收缩时期,新旧混凝土收缩量的不同,再加上施工缝接缝处水泥量较大,必然容易从施工缝处裂开。影响收缩的因素很多,其中环境相对湿度最重要,相对湿度 90% 与 50% 的干缩率相差可达 $25\% \sim 50\%$,由此可知,加强对混凝土和施工缝的养护是很重要的。

为了减少收缩的影响,有的工程对于预制构件间的接缝,采取预留缝隙,等待初期收缩变形完毕,最后用类似水管接头捻口的办法二次堵缝,取得了好的效果。

(3)湿润程度对施工缝的影响。新旧混凝土能否结合在一起?回答是肯定的,否则很多装配式结构的节点处理,以及装配整体式结构将不能成立。同时,实践证明,关键在于正确的结合方法。在施工中,往往忽略了旧混凝土的湿润程度,只在处理前洒些水,这是不行的,必须保证旧混凝土不吸收新混凝土的水分,以利于新混凝土的硬化,否则新旧混凝土之间将有一个强度不高的接触面。因此,施工缝或者预制构件间的接触部位,至少提前 $5 \sim 6h$ 浇水,使旧混凝土含水率达到"干饱和"状态(工人们称之为"泅醉")才行。再者,对于模板的湿润程度也应保持一致,模板胀缩不同,也会影响接缝的质量。

(4)泛浆与泛白。混凝土经过振捣,骨料下沉,水泥浆上浮,称为泛浆。形成了上下强度不同的状况,尤其是混凝土水灰比较大时,更为严重。若在此处留置施工缝,容易出问题,在施工中可在泛浆部位掺入洗净的粗骨料,并加以振捣,或适当调整混凝土的配合比,解决泛浆问题。

所谓泛白问题是混凝土在凝固后,表面析出一层白色粉状物,也叫"泛碱"或"起霜",在水泥中掺合料较多时,比较严重,这一层白色粉状物无强度也无胶结力,在处理施工缝时必须加以清除。

(5)施工缝表面的相对角度。柱和梁的施工缝表面,应垂直于构件的轴线,板和墙的施工缝,则应与其表面垂直。这样,在传递压力时是有利的,不宜做成斜坡形,尤其是混凝土自然塌落形成的斜坡。

在留置垂直施工缝时,应先做一块隔块,并在隔板上留出钢筋位置的缺口,满插到底。或用细网眼的凹凸不平度约 1cm 的镀锌薄钢板作垂直施工缝的隔板,这种隔板漏浆少,且能形成凹凸不平的表面。

在留置垂直施工缝时,也可以增加一些插筋,避免收缩和加强结合能力。插筋的直径、间距应由设计单位提供,例如双向板,可用 $\phi6\sim10$ 的钢筋,其总断面面积为施工缝断面面积的 $0.2\%\sim0.3\%$,两端应加弯钩,插入新旧混凝土,其插入长度各为直径的 30 倍,一般放在板的上部,必要时上下都放。又如梁或柱的施工缝,也可以增加 $\phi12$ 以上直径的钢筋,加强其抗剪能力。

四、混凝土的后浇缝

后浇缝也称后浇带,是一种设计中的临时性的变形缝,在结构的一定部位暂时不浇筑,待结构变形基本完成后,再用膨胀性混凝土浇筑,使之成为整体,用以取代伸缩缝、沉降缝、地震缝的作用,使设计简化,施工进度加快,也有较明显的经济效益。近年来在许多重大工程中采用了后浇缝的做法,证明是行之有效的。随着高层建筑的发展,裙房与高层建筑之间的沉降差,用后浇缝去解决,较之沉降缝的一般做法,省事而有效。

1.后浇缝的作用与位置

后浇缝的作用可以分为以下三种。

(1)后浇收缩缝用以解决钢筋混凝土的收缩变形;

(2)后浇温度缝用以解决钢筋混凝土的温度应力;

(3)后浇沉降缝用以解决因层高、荷载、结构不同造成的沉降差。

实际上后浇缝的设置可以同时起到以上两种或三种作用。

后浇缝的位置应选择在内力较小的部位,一般应从梁、板的 1/3 跨部位通过,或从纵横墙相交的部位或门洞口的连接处通过,并能使断开后,几个独立部分能自由地变形。

2.后浇缝的构造

后浇收缩缝和后浇温度缝理论宽度只需 10mm 即能保证满足温度

收缩变形的需求。但考虑施工方便,并避免应力集中,使后浇缝在补充后承受第二部分温差及收缩作用下的约束变形,缝宽多为 700～1000mm。后浇沉降缝的宽度应根据沉降差来确定,并反算出内力,在配筋上予以加强。一般高层建筑与裙房之间的后浇沉降缝,缝宽为1000mm,做法如图9-18所示。

后浇缝的钢筋可以断开,也可以连续,断开的钢筋在混凝土补齐前予以搭接或焊接。后浇缝应贯通地上地下结构,设计时要说明留缝的具体位置和缝宽,施工中要注意后浇缝处拆模后的支撑。

在补齐混凝土前一定要将接缝面凿毛,钢筋除锈,清洗干净。为使接缝结合更好,或有防火要求时,后浇缝宜做成企口式,如图 9-19 所示。

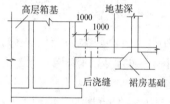

图 9-18　建筑的后浇沉降缝　　　　图 9-19　后浇缝的断面形式

3.后浇缝的保留时间

后浇缝保留时间越长,收缩、温差、沉降的变形越充分,但尽量在施工期间内完成,以免影响设备安装和地面施工。后浇收缩缝宜在 2 个月后补齐(此期间可完成混凝土收缩量的 60％),后浇温度缝则宜选择在温度较低时浇筑,以免产生过大的温度应力;后浇沉降缝应待主体结顶后不少于 1 个月浇筑,以减少残余沉降差引起的内力。

第四节　特殊要求混凝土浇筑操作

一、大体积混凝土浇筑操作要点

1.浇筑方法

大体积混凝土的浇筑,应根据整体性要求、结构大小、钢筋疏密、混凝土供应等情况,采用以下三种方法浇筑。

(1)全面分层:全面分层法适用于平面尺寸不大的结构。在整个混凝土内部全面分层浇筑混凝土(图 9-20(a)),第一层全面浇筑完毕后,在混凝土初凝前,立即浇筑第二层,如此逐层进行,直至浇筑完成。施工时应从短边开始,沿长边进行浇筑。如果长度较长也可分为两段,从中间开始向两端或从两端向中间同时进行。

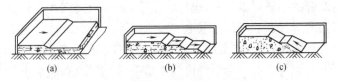

(a)　　　　　　　(b)　　　　　　　(c)

图 9-20　混凝土的浇筑方法

(a)全面分层;(b)分段分层;(c)斜面分层

(2)分段分层:适用于厚度不大而面积或长度较大的结构(图9-20(b))。混凝土从底层开始浇筑,进行到一定距离后回来浇筑第二层。如此依次向前浇筑以上各分层。

(3)斜面分层:适用于结构长度超过厚度三倍的基础。振捣工作从浇筑层的下端开始,逐渐上移(图 9-20(c)),以保证混凝土浇筑质量。

2. 振捣

人工振捣应与浇灌同时进行,边布料,边捣插。不宜用力过猛,防止将模板拼缝扩大,引起漏浆,防止将钢筋、预埋件及保护层垫块等移位。必须保证混凝土在浇筑时不发生离析现象。同时分层的厚度取决于振捣棒的长度和振动力的大小,以及混凝土供应量的大小和可能灌注量的多少,一般为 20～30cm。同时浇筑应在室外气温较低时进行,混凝土浇筑温度不宜超过 28℃。

3. 大体积混凝土施工缝、后浇带施工

(1)大体积混凝土施工除预留后浇带外,尽可能不设施工缝,遇有特殊情况必须设施工缝时应按后浇带处理。

(2)施工缝、后浇带均宜用钢板网或钢丝网支挡,支模时,对先浇混凝土凿毛清洗。后浇带、施工缝在混凝土浇筑前应清除杂物并进行湿润,并应刷与混凝土成分相同的水泥砂浆。

(3)施工缝、后浇带新旧混凝土接槎部位宜采用设置企口的防水措施。

(4)后浇带部位混凝土的膨胀率依据现行国家标准《混凝土外加剂应用技术规范》(GB 50119—2003)的规定,宜限制膨胀率为 0.035%～0.045%,应高于底板混凝土膨胀率 0.02%以上或依据设计或产品说明书确定。

4.大体积混凝土养护

(1)大体积混凝土养护在混凝土表面二次压实后进行。大体积混凝土养护可采用混凝土表面蓄水或覆盖塑料薄膜后再覆盖阻燃草帘的保湿、保温养护方法,或内部用循环水降温的办法。塑料薄膜内应保持有凝结水。草帘的厚度以及保温时间根据热工计算以及现场测温记录确定。大体积混凝土养护时间一般不少于 14d。

(2)大体积混凝土在养护期应加强测温。前 3d 每 2h 测一次,4～7d 每 4h 测一次,后一周每 6h 测一次,每次测温均应做好记录。测温指标包括混凝土入模温度、大气温度、混凝土表面温度、混凝土内部温度等。混凝土降温速度根据工程情况控制在 1～3℃/d 范围内。

(3)撤除保温层时混凝土表面与大气温差不应大于 20℃。

5.大体积混凝土测温及预防裂缝

大体积混凝土产生裂缝多出现在升温时或降温时,升温时易出现表面裂缝,一般混凝土成型后第三天升温最高,也最容易出现表面裂缝。大体积混凝土施工,要在施工期间对混凝土采取温度控制措施,就是控制混凝土的内外温差,以减小早期温度应力,从而避免裂缝的发生。

(1)应控制混凝土表面与内部温差不大于 25℃。

(2)控制混凝土浇筑温度不超过 35℃。混凝土应缓慢降温,按方案控制降温速度。

(3)大体积混凝土拆除保温层时混凝土表面与大气温差不应大于 20℃。当超过 20℃时应继续采取覆盖措施。

(4)已浇筑混凝土表面泌水应及时清理。

(5)底板大体积混凝土结构表面应密实,不得有露筋、蜂窝等缺陷,结构表面裂缝宽度不应大于 0.2mm,且不得贯通。

二、防水混凝土浇筑操作要点

1.基本要求

为了保证混凝土的均匀性,防水混凝土的搅拌时间应比普通混凝土略长,特别是引气剂防水混凝土,要求搅拌时间为 2～3min,当采用强制式搅拌机时不少于 2min。混凝土应及时测定和易性,引气剂混凝土必须抽查混凝土拌和物含气量,使其严格控制在 3%～5% 范围内。

防水混凝土在运输过程中不能漏浆和离析,当有离析、泌水现象时,应在入模前予以二次搅拌。高温季节施工,要注意坍落度损失,可加缓凝型减水剂或者预估坍落度损失,在搅拌时适当调整配合比。

2.防水混凝土振捣

(1)应用机械振捣,以保证混凝土密实,振捣时间一般 10～30s 为宜,避免漏振、欠振、超振;振捣时间延续到混凝土表面泛浆、无气泡、不下沉为止。应选择对称位置铺灰和振捣,防止模板移动;结构断面较小、钢筋密集的部位应严格按分层浇筑、分层振捣的要求操作,浇筑到最上层表面,必须用木抹子找平,使表面密实平整。

(2)使用振捣棒时,混凝土振捣由两人配合,一人负责振捣,一人负责移动电缆线;振捣方式采取梅花形振捣,快插慢拔;上层混凝土振捣时,插入下层混凝土 50mm。在现场由操作人员依据结构浇筑部位确定混凝土的有效浇筑半径,但相邻两振捣有效半径的重叠位置应不少于振捣半径的 1/3,且不少于 200mm。

(3)变形缝处的止水带要定位准确,止水带两侧的混凝土要对称浇筑,施工过程中应有专人看护,严防振捣棒撞击止水带,确保位置准确。

3.防水混凝土施工缝的留设与处理

(1)施工缝留设的位置。

1)顶板、底板混凝土应连续浇筑,不应留置施工缝。

2)墙体水平施工缝不应留在剪力最大处或底板与侧墙的交接处,应留在高出底板表面不小于 300mm 的墙体上。拱(板)墙结合的水平施工缝,宜留在拱(板)墙接缝以下 150～300mm 处。墙体有预留孔洞时,施工缝距孔洞边缘不应小于 300mm。

3)垂直施工缝应避开地下水和裂隙水较多的地段,并宜与变形缝相结合,按变形缝进行防水处理。

(2)施工缝新旧混凝土接缝处理。

1)水平施工缝浇灌混凝土前,应清除表面浮浆和杂物,先铺一道净浆,再铺设 30～50mm 厚的 1∶1 水泥砂浆或涂刷界面处理剂或涂刷水泥基渗透结晶型防水涂料等,并及时浇灌混凝土。

2)垂直施工缝浇灌混凝土前,应将其表面清理干净,涂刷一道水泥净浆或混凝土界面处理剂或水泥基渗透结晶型防水涂料,并及时浇灌混凝土。

3)施工缝采用遇水膨胀止水条时,止水条应牢固地安装在接缝表面或预留槽内,遇水膨胀止水条应具有缓胀性能,7d 膨胀率不应大于最终膨胀率的 60%。

4)采用中埋式止水带时,应确保位置准确,固定牢靠,严防混凝土施工时错位。

4.防水混凝土养护

(1)防水混凝土浇灌完成后,必须及时养护,并在一定的温度和湿度条件下进行。

(2)防水混凝土的养护对其抗渗性能影响极大,因此,混凝土初凝后应立即在其表面覆盖草袋、塑料薄膜或喷涂混凝土养护剂等进行养护,炎热季节或刮风天气应随浇灌随覆盖,但要保护表面不被压坏。浇捣后 4～6h 即浇水或蓄水养护,3d 内每天浇水 4～6 次,3d 后每天浇水 2 次或 3 次,养护时间不得少于 14d。墙体混凝土浇灌 3d 后,可采取撬松侧模,在侧模与混凝土表面缝隙中浇水养护的做法保持混凝土表面湿润。

(3)防水混凝土不宜采用蒸气养护,冬期施工时可采用保温措施。

三、清水混凝土浇筑操作要点

1.清水混凝土的制备与拌和物的性能

(1)制备成的清水混凝土拌和物应颜色均匀,能保证同一视觉空间工程的混凝土无可见色差。

(2)制备成的清水混凝土拌和物工作性能优良,无离析、泌水现象,

90min 的坍落度损失应小于 30%。

(3)清水混凝土拌和物运输到达现场后的坍落度应满足:用于浇筑柱体的混凝土宜为(150±10)mm;用于浇筑墙、梁、板的混凝土宜为(170±10)mm。

(4)严格控制预拌混凝土的原材料掺量精度,允许偏差不超过 1%。且严格控制投料顺序及时间,并随天气变化抽验砂、石含水率,调整用水量。

(5)各类具有室内使用功能的建筑用混凝土外加剂中释放氨的含量应≤0.10%(质量分数)。

2. 清水混凝土拌制与运输

(1)清水混凝土要保证同一配合比,保证原材料不变。

(2)控制好混凝土搅拌时间,清水混凝土的搅拌应采用强制式搅拌机,且搅拌时间比普通混凝土延长 20～30s。

(3)根据气温条件、运输时间、运输道路的距离、砂石含水率变化、混凝土坍落度损失等可掺用相应的外加剂做适当调整。

(4)制备成的混凝土拌和物工作性能优良,无离析、泌水现象。

(5)合理安排调度,避免在浇筑过程中混凝土积压或供应不足,引起过大的坍落度损失。

(6)搅拌运输车每次清洗后应排净料筒内的积水,避免影响水胶比。

(7)进场的混凝土,应逐车检测坍落度,目测混凝土外观颜色,有无泌水、离析,并做好记录。

(8)混凝土拌和物从搅拌结束到施工现场浇筑不宜超过 1.5h,在浇筑过程中,严禁添加配合比以外用水。

3. 清水混凝土浇筑

(1)混凝土浇筑前,清理模板内的杂物,完成钢筋、管线的预留预埋,施工缝的隐蔽工程验收工作。

(2)混凝土浇筑先在根部浇筑 30～50mm 厚与混凝土同配比的水泥砂浆后,随铺砂浆随浇混凝土,砂浆投放点与混凝土浇筑点距离控制在 3m 左右为宜。

（3）浇筑混凝土采用标尺杆控制浇筑层厚度，每层控制在 400～500mm。混凝土自由下料高度应控制在 2m 以内。如果混凝土落差超过 2m，应在布料管上接一个下料软管，控制下料高度不超过 2m。

（4）墙、柱混凝土浇筑至设计标高以上 50mm 处，拆模后剔除表层混凝土至设计标高，保证上下两层的结合。

（5）混凝土浇筑时，应保证浇筑的连续性，尽量缩短浇筑时间间隔，避免分层面产生冷缝。

（6）混凝土振点应从中间开始向边缘分布，且布棒均匀，层层搭扣，遍布浇筑的各个部位，并应随浇筑连续进行；振捣棒的插入深度要大于浇筑层厚度，插入下层混凝土中 50～100mm。振捣过程中应避免撬振模板、钢筋，每一振点的振动时间，应以混凝土表面不再下沉、无气泡逸出为止，一般为 20～30s，避免过振发生离析。

（7）现场浇筑混凝土时，振捣棒采用"快插慢拔"、均匀的梅花形布点，并使振捣棒在振捣过程中上下略有抽动，上下混凝土振动均匀。

（8）浇筑门窗洞口时，沿洞口两侧均匀对称下料，振捣棒距洞边不小于 300mm，从两侧同时振捣，以防止洞口变形。大洞口（大于 1.5m）下部模板应开洞，并补充混凝土及振捣，以确保混凝土密实，减少气泡。

4. 清水混凝土养护

（1）非冬期施工时，清水混凝土墙、柱拆模后应立即养护，采用定制的塑料薄膜套包裹，外挂阻燃草帘，洒水养护。不得用草帘直接覆盖，避免污染墙面，覆盖塑料薄膜前和养护过程中都要洒水保持湿润，混凝土养护时间不少于 7d。

（2）梁、板混凝土浇筑完毕后，分片分段抹平，及时用塑料布覆盖。塑料布覆盖完毕后，若发现塑料布内无水汽时，应及时浇水保持表面湿润，混凝土硬化后，可采用蓄水养护，严防楼板出现裂纹。混凝土养护时间不少于 7d。

（3）冬期施工时，在模板背面贴聚苯板保温，拆模后采用涂刷养护剂与覆盖塑料薄膜养护相结合，外挂阻燃草帘保温，混凝土养护时间不少于 14d。

（4）养护剂宜采用水乳型养护剂，避免混凝土表面变黄。

5.季节性施工

清水混凝土工程如工期安排需冬期施工,除满足国家有关规程外,还应满足以下要求。

(1)混凝土中掺入的防冻剂要通过试验,确保对混凝土表面颜色不产生明显影响。在工程跨季节施工时,应当考虑掺用防冻剂掺量对混凝土表面颜色的影响。

(2)混凝土采用加热水、加热骨料等方法拌制时,其温度根据施工条件和当地气候进行热工计算确定,保证混凝土拌和物出机温度不低于15℃。

(3)加强混凝土罐车和输送泵的保温,保证入模温度不低于10℃。

(4)在外脚手架的内侧挂双层彩条布做挡风墙,使施工现场形成相对封闭的环境。

(5)混凝土浇筑前,在模板背面贴聚苯板,并挂阻燃草帘,避免新浇混凝土温度散失过快;拆除模板后,立即涂刷养护剂,覆盖塑料薄膜,再加盖阻燃草帘,减轻混凝土"盐析"对清水混凝土颜色的影响。

(6)加强对混凝土强度增长情况的监控,做好同条件试块的留置工作和混凝土的测温工作。

四、预应力混凝土浇筑操作要点

1.先张法预应力梁板混凝土浇筑

在张拉完成之后,重新检查模板内钢筋是否符合要求,在检查合格后进行梁体混凝土灌注。在混凝土浇筑前须检查台座受力,夹具、预应力筋数量、位置和张拉吨位是否符合要求。

梁板混凝土采用自动计量搅拌机集中拌制。在浇筑侧板混凝土时应两边对称浇筑,以防止偏位。混凝土振捣以插入式振动器振捣为主,附着式振动器振捣为辅。底板混凝土的振捣应采用平板振动器;顶板和侧板混凝土采用插入式振动器振捣,振捣时须从侧板两侧同时进行,以防止芯模(气囊)左右移动。振捣棒端头不得接触橡胶芯模,避免出现穿孔漏气现象。混凝土浇筑厚度不超过30cm,上层混凝土必须在下层混凝土初凝之前覆盖,以保证接缝处混凝土的良好接合。浇筑到顶板后,及时整平、抹面收浆。

混凝土的振捣要充分,避免混凝土表面有蜂窝、麻面等质量通病出现。在混凝土灌注过程中试验室人员要做好混凝土试件。

2.后张法预应力混凝土灌注

(1)水泥浆制备。

1)灌浆一般采用水泥浆,空隙大的孔道,水泥浆中可掺入适量的细砂。配制的水泥浆或砂浆强度均不应低于 30MPa。

2)水灰比一般宜采用 0.4～0.45,掺入适量减水剂时,水灰比可减少到 0.35;水及减水剂必须对预应力筋无腐蚀作用。

3)通过试验,水泥浆中可掺入适当膨胀剂。

4)水泥浆流动度用流动度测定器进行测定时,宜控制在 200mm以上。

5)水泥浆自调制至灌入孔道的延续时间,视气温情况而定,一般不宜超过 30～45min。搅拌好的水泥浆必须通过过滤器,置于储浆桶内,在使用前和压注过程中应经常搅动,以防泌水沉淀。

(2)孔道灌浆。

1)灌浆前,首先要进行机具准备和试车。对孔道应冲洗洁净、湿润,如有积水应用气泵排除。

2)灌浆顺序宜为先灌注下层孔道,后灌注上层孔道。灌浆工作应缓慢均匀地进行,不得中断,并应排气通顺。

3)灌浆压力可取 0.4～1.0N/mm²。孔道较长或输浆管较长时压力宜大些,反之,可小些。

4)灌浆进行到排气孔冒出浓浆时,即可堵塞此处的排气孔,再继续加压至 0.5～0.6N/mm²,保持 1～2min 后封闭灌浆孔。

5)灌浆时,对比较集中和邻近的孔道,宜尽量连续完成灌浆,以免串到邻孔的水泥浆凝固、堵塞孔道。不能连续灌浆时,后灌浆的孔道应在灌浆前用压力水冲洗通畅。

6)灌浆后应从排气孔抽查灌浆的密实情况,如有不实,应及时处理。灌浆时,每一工作班应留取不少于一组边长为 70.7mm 的立方体试件,标准养护 28d,检验其抗压强度,作为水泥浆质量的评定依据。

第五节　混凝土养护及拆模操作

为保证已浇筑好的混凝土在规定龄期内达到设计要求的强度和耐久性,并防止产生收缩和温度裂缝,必须认真做好养护工作。

一、自然养护

1. 自然养护工艺

(1)覆盖浇水养护。利用平均气温高于 5℃的自然条件,用适当的材料对混凝土表面加以覆盖并浇水,使混凝土在一定的时间内保持水泥水化作用所需要的适当温度和湿度条件。

覆盖浇水养护应符合下列规定。

1)覆盖浇水养护应在混凝土浇筑完毕后的 12h 内进行。

2)混凝土的浇水养护时间,对采用硅酸盐水泥、普通硅酸盐水泥或矿渣硅酸盐水泥拌制的混凝土,不得少于 7d,对掺用缓凝型外加剂、矿物掺合料或有抗渗性要求的混凝土,不得少于 14d。

当采用其他品种水泥时,混凝土的养护应根据所采用水泥的技术性能确定。

3)浇水次数应根据能保持混凝土处于湿润的状态来决定。

4)混凝土的养护用水宜与拌制水相同。

5)当日平均气温低于 5℃时,不得浇水。

大面积结构如地坪、楼板、屋面等可采用蓄水养护。储水池一类工程可于拆除内模混凝土达到一定强度后注水养护。

(2)薄膜布养护。

在有条件的情况下,可采用不透水、气的薄膜布(如塑料薄膜布)养护。用薄膜布把混凝土表面敞露的部分全部严密地覆盖起来,保证混凝土在不失水的情况下得到充足的养护。这种养护方法的优点是不必浇水,操作方便,能重复使用,能提高混凝土的早期强度,加速模具的周转,但应该保持薄膜布内有凝结水。

(3)薄膜养生液养护。

混凝土的表面不便浇水或使用塑料薄膜布养护时,可采用涂刷薄膜养生液以防止混凝土内部水分蒸发的方法进行养护。

薄膜养生液养护是将可成膜的溶液喷洒在混凝土表面上,溶液挥发后在混凝土表面凝结成一层薄膜,使混凝土表面与空气隔绝,混凝土中的水分不再被蒸发,而完成水化作用。这种养护方法一般适用于表面积大的混凝土施工和缺水地区,但应注意薄膜的保护。

2. 养护条件

在自然气温条件下(高于 5℃),对一般塑性混凝土应在浇筑后 10~12h 内(炎夏时可缩短至 2～3h),对高强混凝土应在浇筑后 1～2h 内,即用麻袋、草帘、锯末或砂进行覆盖,并及时浇水养护,以保持混凝土处于足够润湿的状态。混凝土浇水养护时间可参照表 2-28。

混凝土在养护过程中,如发现遮盖不好,浇水不足,以致表面泛白或出现干缩细小裂缝时,要立即仔细加以遮盖,加强养护工作,充分浇水,并延长浇水时间,加以补救。

在已浇筑的混凝土强度达到 1.2N/mm² 以后,方允许在其上来往行人和安装模板及支架等。荷重超过时应通过计算,并采取相宜的措施。

表 9-2 　　　　　　　　　混凝土浇水养护时间参考表

分　类		浇水养护时间/d
拌制混凝土的水泥品种	硅酸盐水泥、普通硅酸盐水泥、矿渣硅酸盐水泥	不小于 7
	火山灰质硅酸盐水泥、粉煤灰硅酸盐水泥	不小于 14
	矾土水泥	不小于 3
抗渗混凝土、混凝土中掺缓凝型外加剂		不小于 14

注:1. 如平均气温低于 5℃时,不得浇水。

2. 采用其他品种水泥时,混凝土的养护应根据水泥技术性能确定。

二、加热养护

1. 蒸气养护

蒸气养护是缩短养护时间的方法之一,一般宜用 65℃左右的温度蒸养。混凝土在较高湿度和温度条件下,可迅速达到要求的强度。施工现场由于条件限制,现浇预制构件一般可采用临时性地面或地下的养护坑,上盖养护罩或用简易的帆布、油布覆盖。

蒸气养护分以下四个阶段。

(1)静停阶段:就是指混凝土浇筑完毕至升温前在室温下先放置一段时间。这主要是为了增强混凝土对升温阶段结构破坏作用的抵抗能力,一般需 2~6h。

(2)升温阶段:就是混凝土原始温度上升到恒温阶段。温度急速上升,会使混凝土表面因体积膨胀太快而产生裂缝,因而必须控制升温速度,一般为 10~25℃/h。

(3)恒温阶段:是混凝土强度增长最快的阶段。恒温的温度应随水泥品种不同而异,普通水泥的养护温度不得超过 80℃。矿渣水泥、火山灰水泥可提高到 85~90℃。恒温加热阶段应保持 90%~100%的相对温度。

(4)降温阶段:在降温阶段内,混凝土已经硬化,如降温过快,混凝土会产生表面裂缝,因此降温速度应加以控制。一般情况下,构件厚度在 10cm 左右时,降温速度每小时不大于 20℃。

为了避免由于蒸气温度骤然升降而引起混凝土构件产生裂缝、变形,必须严格控制升温和降温的速度。出槽的构件温度与室外温度相差不得大于 40℃,当室外为负温度时,不得大于 20℃。

2.其他热养护

(1)热模养护。将蒸气通在模板内进行养护,此法用蒸气少,加热均匀。既可用于预制构件,又可用于现浇墙体,用于现浇框架结构柱的养护方法见图 9-21。

(2)棚罩式养护。棚罩式养护是在混凝土构件上加盖养护棚罩。棚罩的材料有玻璃、聚酯薄膜、聚乙烯薄膜等。其中以透明玻璃钢和透明塑料薄膜为佳;棚罩的形式有单坡、双坡、拱形等,一般多用单坡或双坡。棚罩内的空腔不宜过大,一般略大于混凝土构件即可。棚罩内的温度,夏季可达 60~75℃。春秋季可达 35~45℃,冬季在 20℃左右。

(3)覆盖式养护。在混凝土成型、表面略平后,其上覆盖塑料薄膜进行封闭养护,有两种做法。

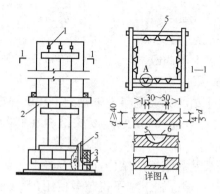

图 9-21 柱子用热模法养护

1—出气孔;2—模板;3—分气箱;4—进气管;5—蒸气管;6—薄铁皮

1)在构件上覆盖一层黑色塑料薄膜(厚0.12～0.14mm),在冬季再盖一层气被薄膜。

2)在混凝土构件上先覆盖一层透明的或黑色塑料薄膜,再盖一层气垫薄膜(气泡朝下)。

塑料薄膜应采用耐老化的接缝并采用热粘合。覆盖时应紧贴四周,用砂袋或其他重物压紧盖严,防止被风吹开,影响养护效果。塑料薄膜采用搭接时,其搭接长度应大于30cm。据试验,气温在20℃以上,只盖一层塑料薄膜,养护最高温度达65℃,混凝土构件在1.5～3d内达到设计强度的70%,缩短养护周期40%以上。

三、混凝土拆模

混凝土结构浇筑后,达到一定强度,方可拆模。模板拆卸日期,应按结构特点和混凝土所达到的强度来确定。

现浇混凝土结构的拆模期限如下。

(1)不承重的侧面模板,在混凝土强度能保证其表面及棱角不因拆模板而受损坏,方可拆除。

(2)承重的模板应在混凝土达到下列强度以后,方能拆除(按设计强度等级的百分率计)。

板及拱:

跨度为2m及小于2m   50%;

跨度为2m至8m	75%;
梁(跨度为8m及小于8m)	75%;
承重结构(跨度大于8m)	100%;
悬臂梁和悬臂板	100%。

(3)钢筋混凝土结构如在混凝土未达到上述所规定的强度时进行拆模及承受部分荷载,应经过计算,复核结构在实际荷载作用下的强度。

(4)已拆除模板及其支架的结构,应在混凝土达到设计强度后,才允许承受全部计算荷载。施工中不得超载使用,严禁堆放过量建筑材料。当承受施工荷载大于计算荷载时,必须经过核算加设临时支撑。

第六节 混凝土冬雨期施工操作

一、混凝土工程冬期施工

1. 基本要求

(1)普通混凝土采用硅酸盐水泥或普通硅酸盐水泥配制时,其受冻临界强度应为设计的混凝土强度标准值的30%;采用矿渣硅酸盐水泥配制的混凝土,其受冻临界强度应为设计的混凝土强度标准值的40%;但混凝土强度等级为 C10 及以下时,其受冻临界强度不得小于5.0N/mm²。

当施工需要提高混凝土强度等级时,其受冻临界强度应按提高后的强度等级确定。

(2)掺用防冻剂的混凝土,当室外最低气温不低于−15℃时,其受冻临界强度不得小于4.0N/mm²;当室外最低气温不低于−30℃时,其受冻临界强度不得小于5.0N/mm²。

(3)混凝土冬期施工应按《建筑工程冬期施工规程》(JGJ/T 104—2011)附录 A 的要求,进行混凝土热工计算。

(4)混凝土冬期施工应优先选用硅酸盐水泥和普通硅酸盐水泥,水泥强度等级不低于32.5。最小水泥用量不应少于300kg/m³,水灰比不应大于0.6。使用矿渣硅酸盐水泥时,宜优先采用蒸气养护。

注：1. 大体积混凝土的最少水泥用量，应根据实际情况决定；

　　2. 强度等级不大于 C10 的混凝土，其最大水灰比和最少水泥用量可不受以上限制。

（5）拌制混凝土所采用的骨料应清洁，不得含有冰、雪、冻块及其他冻裂物质。在掺用含钾、钠离子的防冻剂的混凝土中，不得采用活性骨料或在骨料中混有含这类物质的材料。

（6）采用非加热养护法施工所选用的外加剂，宜优先选用含引气成分的外加剂，含气量控制在 2%～4%。

（7）模板外和混凝土表面覆盖的保温层，不应采用潮湿状态的材料，也不应将保温材料直接覆盖在潮湿的混凝土表面，新浇混凝土表面应铺一层塑料薄膜。

（8）整体结构如采用加热养护时，浇筑程序和施工缝位置设置应采取能防止加大温度应力的措施。当加热温度超过 45℃时，应进行温度应力核算。

2. 混凝土原材料的加热、搅拌、运输和浇筑

（1）混凝土原材料加热应优先采用加热水的方法，当加热水不能满足时，再对骨料进行加热。水、骨料加热的最高温度应符合表 9-3 的规定。

表 9-3　　　　　　　　拌和水及骨料加热最高温度　　　　　　（单位：℃）

水泥品种及强度等级	拌　和　水	骨　　料
强度等级低于 42.5 的普通硅酸盐水泥、矿渣硅酸盐水泥	80	60
强度等级高于及等于 42.5 的硅酸盐水泥、普通硅酸盐水泥	60	40

当水、骨料达到规定温度仍不能满足热工计算要求时，可提高水温到 100℃，但水泥不得与 80℃以上的水直接接触。

（2）水泥不得直接加热，使用前宜运入暖棚内存放。

（3）水加热宜采用蒸气加热、电加热或气水加热交换罐加热等方法。加热水使用的水箱或水池应予保温，其容积应能使水达到规定的使用温度要求。

（4）砂加热应在开盘前进行，并应使各处加热均匀。当采用保温加热料斗时，宜配备两个，交替加热使用。每个料斗容积可根据机械可装

高度和侧壁斜度等要求进行设计,每一个斗的容量不宜小于 3.5m³。

(5)拌制掺用防冻剂的混凝土,当防冻剂为粉剂时,可按要求掺量直接撒在水泥上面和水泥同时投入;当防冻剂为液体时,应先配制成规定浓度的溶液,然后再根据使用要求,用规定浓度溶液再配制成施工溶液。各溶液应分别置于有明显标志的容器内,不得混淆,每班使用的外加剂溶液应一次配成。

(6)配制与加入防冻剂,应设专人负责并做好记录,应严格按剂量要求掺入。使用液体外加剂时应随时测定溶液温度,并根据温度变化用比重计测定溶液的浓度。当发现浓度有变化时,应加强搅拌直至浓度保持均匀为止。

(7)搅拌混凝土时,骨料中不得带有冰、雪及冻团。为满足各组成材料间的热平衡,冬期拌制混凝土的时间相对于表 9-4 规定的拌制时间可适当延长。拌制混凝土的最短时间见表 9-4。

表 9-4 　　　　　　　　　拌制混凝土的最短时间 　　　　　　　　　(单位:s)

混凝土的坍落度 /mm	搅拌机机型	搅拌机容积/L		
		<250	250~500	>500
≤80	自落式	135	180	225
	强制式	90	135	180
>80	自落式	185	135	180
	强制式	90	90	135

注:表中搅拌机容积为出料容积。

(8)冬期搅拌混凝土的合理投料顺序应与材料加热条件相适应。一般是先投入骨料和加热的水,待搅拌一定时间水温降低到 40℃ 左右时,再投入水泥继续搅拌到规定的时间,要绝对避免水泥假凝。

(9)混凝土在运输、浇筑过程中的温度和覆盖的保温材料的热工计算应按《建筑工程冬期施工规程》(JGJ/T 104—2011)附录 A 进行计算。当不符合要求时,应采取措施进行调整。

(10)冬期不得在强冻胀性地基土上浇筑混凝土。在弱冻胀性地基土上浇筑混凝土时,基土不得遭冻。如果在非冻胀性地基上浇筑混凝土时,混凝土在受冻前的抗压强度应符合规定。

(11)混凝土在浇筑前,应清除模板和钢筋上的冰雪和污垢。运输和浇筑混凝土用的容器应有保温措施。

(12)分层浇筑厚大的整体式结构混凝土时,已浇筑层的混凝土温度在未被上一层混凝土覆盖前不得低于2℃。采用加热养护时,养护前的温度不得低于2℃。

(13)混凝土拌和物入模浇筑,必须经过振捣,使其内部密实,并能充分填满模板各个角落,制成符合设计要求的构件,木模板更适合混凝土的冬期施工。模板各棱角部位应注意做加强保温。

(14)冬期振捣混凝土要采用机械振捣,振捣要迅速,浇筑前应做好必要的准备工作,如模板、钢筋和预埋件检查、清除冰雪冻块,浇筑时所用脚手架、马道的搭设和防滑措施检查,振捣机械和工具的准备等。混凝土浇筑前宜采用热风机清除冰雪和对钢筋、模板进行预热。

(15)浇筑承受内力接头的混凝土(或砂浆),宜先将结合处的表面加热到正温。浇筑后的接头混凝土(或砂浆)在温度不超过45℃的条件下,应养护至设计要求强度,当设计无要求时,其强度不得低于设计强度的70%。

3.冬期施工混凝土养护

(1)蓄热法和综合蓄热法养护。

1)当室外最低温度不低于−15℃时,地面以下的工程,或表面系数M不大于$5m^{-1}$的结构,应优先采用蓄热法养护。对结构易受冻的部位,应采取加强保温措施。

2)混凝土浇筑后应在裸露混凝土表面采用塑料布等防水材料覆盖进行保温。对边、棱角部位的保温厚度应增大到面部位的2～3倍。混凝土在养护期间应防风、防失水。

3)采用组合钢模板时,宜采用整装整拆方案。当混凝土强度达到$1N/mm^2$后,可使侧模板轻轻脱离混凝土后,再合上继续养护到拆模。

(2)混凝土蒸汽养护。

1)蒸汽养护法使用低压饱和蒸汽,当工地有高压蒸汽时,应通过减压阀或过水装置后方可使用。

2)蒸汽养护的混凝土,采用普通硅酸盐水泥时最高养护温度不超过 80℃,采用矿渣硅酸盐水泥时可提高到 85℃。但采用内部通气法时,最高温度不超过 60℃。

3)蒸汽养护应包括升温、恒温、降温三个阶段,各阶段加热延续时间可根据养护终了要求的强度确定。

4)整体结构采用蒸汽养护时,水泥用量不宜超过 350kg/m³,水灰比宜为 0.4~0.6,坍落度不宜大于 50mm。

(3)电加热法养护。

1)混凝土采用电极加热法养护应符合下列要求。

①电路接好应经检查合格后方可合闸送电。当结构工程量较大,边浇筑边通电时,应将钢筋接地线。电热场应设安全围栏。

②棒形和弦形电极应固定牢固,并不得与钢筋直接接触。电极与钢筋之间的距离符合表 9-5 的规定。

表 9-5　　　　　　　　　　电极与钢筋之间的距离

工作电压/V	最小距离/mm	工作电压/V	最小距离/mm
65.0	50~70	106	120~150
87.0	80~100	—	—

注:当钢筋密度大而不能保证钢筋与电极之间的上述距离时应采取绝缘措施。

③电极加热法应使用交流电,不得使用直流电。电极的形式、尺寸、数量及配置应能保证混凝土各部位加热均匀,且仅应加热到设计的混凝土强度标准值的 50%。在电极附近的辐射半径方向每隔 10mm 距离的温度差不得超过 1℃。

④电极加热应在混凝土浇筑后立即送电,送电前混凝土表面应保温覆盖。混凝土在加热养护过程中,其表面不应出现干燥脱水,并应随时向混凝土上表面洒水或洒盐水,洒水时应断电。

2)混凝土采用电热毯法养护应符合下列要求。

①电热毯宜由四层玻璃纤维布中间加以电阻丝制成。其几何尺寸应根据混凝土表面或模板外侧与龙骨组成的区格大小确定。电热毯的电压宜为 60~80V,功率宜为 75~100W/块。

②当布置电热毯时,在模板周边的各区格应连续布毯,中间区格可间隔布毯,并应与对面模板错开。电热毯外侧应设置耐热保温材料(如

岩棉板等)。

③电热毯养护的通电持续时间应根据气温及养护温度确定,可采取分段、间断或连续通电养护工序。

(4)暖棚法施工。

1)当采用暖棚法施工时,棚内各测点温度不得低于5℃,并应设专人检测混凝土及棚内温度。暖棚内测温点应选择具有代表性位置进行布置,在离地面500mm高度处必须设点,每昼夜测温不应少于4次。

2)养护期间应测量棚内湿度,混凝土不得有失水现象。当有失水现象时,应及时采取增湿措施或在混凝土表面洒水养护。

3)暖棚的出入口应设专人管理,并应采取防止棚内温度下降或引起风口处混凝土受冻的措施。

4)在混凝土养护期间应将烟或燃烧气体排至棚外,注意防火防毒。

(5)负温养护法。

1)负温养护法主要是在混凝土内掺加复合防冻剂,并采用原材料加热,在浇筑后的混凝土表面做防护性的简单覆盖,使混凝土在负温养护期间硬化,并在规定的时间内达到一定的强度。

2)混凝土负温养护法适用于不易加热保温且对强度增长无特殊要求的结构工程。

3)采取负温养护法施工的混凝土,宜使用硅酸盐水泥或普通硅酸盐水泥,混凝土浇筑后的起始养护温度不应低于5℃,并应据浇筑后5d内预计日最低气温选用防冻剂。

4)混凝土浇筑后,裸露表面应采用塑料薄膜覆盖保护。

5)采用负温养护法应加强测温。当混凝土内部温度降到防冻外加剂规定的温度时,混凝土的抗压强度应符合相关规定。

4.混凝土冬期施工测温管理指导

(1)冬施测温准备工作。

单位工程的测温应在冬施方案中考虑,测温孔的布置应会同监理部门经过设计并绘制测温孔平(立)面布置图,各孔按顺序编号,经技术部门批准后实行。混凝土浇筑前,测温人员应与施工负责人员联系,按测温孔布置图在钢模或木模上预留测孔。

开始测温前,要备齐必须的工具、用具、文具,为正常测温创造有利条件。主要工具、用具如下。

1)测温百叶箱。规格不小于 300mm×300mm×400mm,宜安装于建筑物 10m 以外,距地面高度约 1.5m,通风条件较好的地方,外表面刷白色油漆;

2)测温计。测量大气温度和环境温度,采用自动温度记录仪或最高最低温度计,测量原材料温度采用便携式建筑电子测温仪、玻璃液体温度计、携带式直流电位差计,各种测温计在使用前均应进行校验;

3)三角旗。为表示测温孔的位置和编号,需准备与测温孔的数量相应的金属制的小三角旗,并在旗面上编号;

4)主要用具有闹钟、手电筒、文件夹、测温记录表、记录大气温度的小黑板等。

(2)测温孔设置要求。

1)绘制测温孔布置图,且将全部测温孔编号。

2)当采用蓄热法养护时,测温孔应在易于散热的部位设置;当采用加热法养护时,应在离热源不同的位置分别设置;大体积结构应在表面及内部分别设置。

3)现浇混凝土梁、板、圈梁的测温孔,应垂直插入留置。梁测孔每 3m 长设置 1 个,且每跨至少设 2 个,孔深1/3~1/2 梁高。圈梁每 4m 长设置 1 个,每跨至少 1 个,孔深1/2梁高。楼板每 15m² 设置 1 个,每间至少设 1 个,孔深1/2板厚。

4)现浇混凝土柱,每根柱子至少应在柱头和柱脚各设 1 个测孔,且设在迎风面。测孔与柱面成 90°角,孔深 1/3~1/2 柱断面边长。

5)预制框架梁柱现浇接头,每个柱上端接头设测孔 1 个,孔深为 1/2混凝土接头高度,每个柱下端设测孔一对(2 个)测孔,孔深为 1/3 柱断面边长,测孔与柱面成 90°角。

6)现浇钢筋混凝土构造柱,每根柱上、下各设 1 个测孔,孔深 10cm,测孔与柱面成 90°角。

7)剪切墙结构(大模板工艺)板墙,横墙每条轴线测一块模板,纵墙轴线之间采取梅花形布置。每块板单面设 3 个,对角线布置,上、下测孔距大模板上、下边缘 30~50cm,孔深 10cm。

8)剪切墙结构(滑模工艺)板墙测孔参照大模板工艺板墙设置。

9)预制大梁的叠合层,每根梁设测孔 1 个,孔深 10cm。

10)楼梯间休息平台及踏步板,每层设测孔不少于 3 个。

11)现浇阳台、雨罩、室外楼梯休息平台等零星构件每个设测孔 2 个。

12)钢筋混凝土独立柱基,每个设测孔 2 个,孔深 15cm。条形基础,每 5m 长设测孔 1 个,孔深 15cm。箱型基础底板,每 20m² 设测孔 1 个,孔深 15cm。厚大的底板应在上、中、下部设 2 层或 3 层测量点,以掌握混凝土内部的温度。

13)室内抹灰工程测温:将最高低温度计或玻璃液体温度计设置在楼房北面房间,距地面 50cm 处,每 50~100m² 设置 1 个。

(3)测温方法和要求。

1)玻璃液体温度计的测温方法。

①测温人员工作前,应检查所需用具是否齐全,夜间测温还应带好手电筒;

②混凝土浇筑后,立即把钢筋棍按入测孔位置并能形成深度适宜的测孔。混凝土终凝前拔出钢筋棍,插上标志测孔位置的三角旗;

③测温时,按测温孔编号顺序进行。温度计插入测温孔后,堵塞住孔口,留置在孔内 3~5min,然后迅速从孔中取出,使温度计与视线成水平,仔细读数,并记入测温记录表,同时将测温孔用保温材料按原样覆盖好,把三角旗插入测孔内。

2)最高最低温度计的测温方法。

测量大气温度及抹灰室内温度时,应使用最高最低温度计。使用方法是 U 型水银柱左右两侧所指的温度读数不同,左侧蓝浮动砝码的下端所指的刻度为上次测温以后至此次测温期间温度变化的最低点,即最低温度;右侧蓝色浮动砝码的下端所指的刻度为上次测温以后至此次测温期间温度变化的最高温度。记录好大气温度和最高最低温度后,用磁铁将蓝色浮动砝码的下端吸至水银柱两侧的顶点。

3)测温项目及测温次数(表 9-6)。

表 9-6   测温次数、时间表

测 温 项 目			测 温 次 数	测 温 时 间
(1)大气温度			每昼夜 3 次	早 7:30、下午 2:00、晚 9:00
(2)工作环境温度			每工作班 2 次	上、下午开盘各一次
(3)水泥、水、砂子、石子、白灰膏温度			每工作班 2 次	上、下午开盘各一次
(4)混凝土、砌筑砂浆出罐温度			每工作班 2 次	上、下午开盘各一次
(5)混凝土入模、砂浆上墙温度			每工作班 2 次	上、下午开盘各一次
(6)混凝土养护温度	1)综合蓄热法		每昼夜 4 次	混凝土浇筑完 1h 测第一次,以后每隔 6h 测一次
	2)蒸气养护法	升温、降温阶段		每隔 1h 测 1 次
		恒温阶段		每隔 2h 测 1 次
	3)电热养护	升温、降温阶段		每隔 1h 测 1 次
		恒温阶段		每隔 2h 测 1 次
(7)室内装修作业环境温度			每昼夜 4 次	早 7:30、上午 10:30 下午 2:00、晚 9:00
(8)屋面油毡			每工作班 2 次	上午一次,下午一次

(4)测温工作管理。

1)每层或每施工段停止测温时,由技术员审阅测温记录,签字后交技术负责人审阅签字。

2)分公司或工程处技术科每月对所属各工程测温记录审阅一次,签署意见。

3)对特殊情况需要延长保温时间采取加温措施者要及时报告分公司或工程处总工程师。

4)项目经理部的栋号工长(包工队长)在项目经理的直接领导下,负责本工程的测温、保温、掺外加剂等项领导工作,每天要看测温记录,发现异常及时采取措施并汇报项目经理。

5)项目经理部的质量检查人员每天要检查冬施栋号的测温、保温、掺外加剂情况,并向分公司或工程处负责人汇报,对发现的问题要及时

通知工长和项目经理。

6)项目经理部技术员每日要查询测温、保温、供热等情况和存在问题,及时向项目经理部技术负责人汇报并协助栋号工长处理有关冬施疑难问题。

7)测温组长在每层或每段停止测温时要向技术员交一次测温记录,平时发现问题及时向工长和技术员汇报,以便采取措施。

8)测温人员每天24h都应有人上岗实行严格的交接班制度。测温人员要分栋分项填写测温记录并妥善保管。

9)测温人员应经常与供热人员、保温人员联系,如发现供热故障、保温措施不当出现温度急剧变化或降温过速等情况,应立即汇报栋号工长进行处理。

10)测温组长要定期将测温记录交项目经理部技术员归入技术档案,以备存查。

5.冬期施工混凝土试块管理

混凝土试块除按常温条件下规定要求留置外,增加两组与结构同条件养护的试块,分别用于检验受冻前的混凝土强度和转入常温养护28d的混凝土强度。

另外拆竖向模时,1.2MPa同条件养护试块用4MPa代替,放在结构最冷部位,同条件养护按新规范还要留置600℃·d的结构同条件试块,代表部位、数量由监理与施工单位商定。

(1)同条件养护试件的留置方式和取样数量,应符合下列要求。

1)同条件养护试件所对应的结构构件或结构部位,应由监理(建设)、施工等各方共同选定;

2)对混凝土结构工程中的各混凝土强度等级,均应留置同条件养护试件;

3)同一强度等级的同条件养护试件,其留置的数量应根据混凝土工程量和重要性确定,不宜少于10组,且不应少于3组;

4)同条件养护试件拆模后,应放置在靠近相应结构构件或结构部位的适当位置,并应采取相同的养护方法。

(2)同条件养护试件应在达到等效养护龄期时进行强度试验。

等效养护龄期应根据同条件养护试件强度与在标准养护条件下28d龄期试件强度相等的原则确定。

（3）同条件自然养护试件的等效养护龄期及相应的试件强度代表值，宜根据当地的气温和养护条件，按下列规定确定。

1）等效养护龄期可取按日平均温度逐日累计达到600℃·d时所对应的龄期，0℃及以下的龄期不计入；等效养护龄期不应小于14d，也不宜大于60d；

2）同条件养护试件的强度代表值应根据强度试验结果按现行国家标准《混凝土强度检验评定标准》(GB 50107—2010)的规定确定后，乘折算系数取用；折算系数宜取为1.10，也可根据当地的试验统计结果做适当调整。

（4）冬期施工、人工加热养护的结构构件，其同条件养护试件的等效养护龄期可按结构构件的实际养护条件，由监理（建设）、施工等各方根据规定共同确定。

二、夏季及雨期混凝土施工

1.暑期炎热条件下的施工注意事项

（1）高温条件下混凝土的搅拌。

在暑期的高温时节，如果砂、石、水和搅拌机直接暴晒于阳光之下，再加上水泥的水化热，由搅拌机倾出的混凝土拌和物必然温度过高，以至常发生假凝现象。

（2）为了避免假凝，可采取以下措施。

1）首先考虑水的降温，水的比热大，水的温度降低4℃，混凝土温度可降1℃。可采用深井水，供水管埋入土中；储水池加盖，避免太阳暴晒，往储水池中加碎冰，但不可让冰块加入搅拌机中。

2）在砂石堆场上搭棚防晒，喷洒凉水降温。

3）搅拌机及堆放水泥的上方搭防晒棚，将搅拌机涂成白色。在同样的环境中白色比灰色低5～8℃，白色比黑色低17℃左右。

4）在混凝土搅拌时掺缓凝剂或缓凝型减水剂，如M183、糖蜜、MF等。

5）改在夜间施工。

2.高温下混凝土的运输、浇捣和养护

由于高温,在运输时混凝土坍落度的损失大,和易性很快变差。因此,搅拌系统应尽量靠近浇筑地点;运输混凝土的搅拌运输车,宜加设外部洒水装置,或涂反光涂料;加强施工组织与密切协作,以缩短运输时间。

浇筑前应将模板干缩的裂缝堵严,并将模板充分淋湿。适当减少浇筑厚度,从而减少内部温差。浇筑后立即用薄膜覆盖,不使水分挥发。露天预制场宜设置可移动的荫棚,避免制品直接暴晒。

由于高温使混凝土表面水分蒸发快,内部水分的上升量低于蒸发量,使面层急剧干燥,外硬内软,出现塑性裂缝,所以浇筑成型后,必须降低表面蒸发速度。为此,可以在上面遮阴,盖草袋湿润养护,对于那些采用湿润养护有困难的结构,如柱及面积较大的铺路混凝土等,可采用薄膜养护剂进行养护。夏季宜采用白色薄膜。

3.雨季施工注意事项

下雨对混凝土的施工极为不利,雨水会增大混凝土的水灰比,导致其强度降低。刚浇好的混凝土遭雨淋,表面的水泥浆被稀释、冲走,产生露石现象;暴雨还会松动石子、砂粒,造成混凝土表面破损,导致截面削弱,如受损的这一表面为混凝土受拉区,钢筋保护层将被损坏,如阳台、挑檐板等,从而影响混凝土构件的承载能力。

所以,应避免在下雨的时候进行混凝土的施工,如遇小雨,工程没干完,应将运输车和刚浇筑完的混凝土用防雨布盖好,并调整用水量,适当加大水泥用量,使坍落度随浇筑高度的上升而减小,最上一层为干硬性混凝土。如遇大雨无法施工时,需将施工缝留在适当位置,采用滑模施工的混凝土应将模板滑动1个或2个行程,并在上面盖好防雨苫布。

对于已遇雨水冲刷的早期混凝土构件,必须进行详细的检查,必要时应采取结构补强措施。夏季施工多雨,应特别注意收听天气预报,合理调节雨天的进度计划,避免雨天进行室外混凝土的浇筑。

附录 混凝土工职业技能考核模拟试题

一、填空题(10 题,20%)

1. 大体积混凝土必须 __连续浇筑__ ,不留施工缝。

2. 悬挑构件的 __悬挑部分__ 与后面的平衡构件的浇筑需同时进行。

3. 大体积基础宜采用 __自然养护__ 。

4. 测定混凝土拌和物流动性的指标是 __坍落度__ 。

5. 模板缝隙过大或模板支撑不牢固,振捣时造成模板移位或胀开,引起混凝土严重漏浆,形成 __蜂窝__ 。

6. 对于有垫层的基础钢筋保护层为 __35__ mm。

7. 在钢筋混凝土结构中,混凝土主要承受 __压力__ 。

8. 沸煮法检验的是水泥的 __安定性__ 。

9. 混凝土试块的标准立方体尺寸为 __150mm × 150mm × 150mm__ 。

10. 在混凝土养护中,平均气温低于 __5℃__ 时,不得浇水养护。

二、判断题(10 题,10%)

1. 墙体混凝土应分段灌注,分段振捣。 (×)

2. 混凝土的和易性主要包括流动性、黏聚性和保水性。 (√)

3. 插入式振动器操作时,应做到"慢插慢拔"。 (√)

4. 混凝土必须在初凝后,才能在上面继续浇筑新的混凝土。 (×)

5. 混凝土的抗压强度高,抗裂性能好。 (×)

6. 若发现混凝土坍落度过小,难以振捣密实时,可以在混凝土内加水,但必须搅拌均匀。 (×)

7. 混凝土露筋部位较深时,应先剔凿,用清水冲刷干净并使之充分湿润,然后用相同强度等级的细石混凝土填补捣实并认真养护。 (×)

8. 梁、板达到拆模强度的,在拆除模板后,即可承受其全部作用荷载。 (×)

9. 混凝土拌和水只能用自来水。 (×)

10. 混凝土搅拌的投料方法是将水泥、砂、石子一起装进筒内,同时装入拌和水。 (×)

三、选择题(20题,40%)

1. 墙体混凝土在常温下,宜采用喷水养护,养护时间在 __D__ d以上。

A. 10　　　　B. 30　　　　C. 50　　　　D. 7

2. 一般所说的混凝土强度是指 __A__ 。

A. 抗压强度　B. 抗折强度　C. 抗剪强度　D. 抗拉强度

3. 混凝土自由倾落高度不得超过 __B__ m。

A. 1　　　　B. 2　　　　C. 3　　　　D. 4

4. __B__ m以上的高空悬空作业,无安全设施的必须系好安全带,扣好保险钩。

A. 1　　　　B. 2　　　　C. 3　　　　D. 5

5. 振捣棒应自然垂直插入混凝土中,插入间隔不超过振动作用半径的 __B__ 倍。

A. 1.2倍　　B. 1.5倍　　C. 1.6倍　　D. 2倍

6. 若混凝土坍落度过小难以振捣时,应 __B__ 重新拌和后浇灌。

A. 加水　　　　　　　　B. 加同水灰比的水泥浆
C. 加同标号的水泥砂浆　　D. 加入任意水灰比的水泥浆

7. 对于大体积混凝土,其浇筑后的混凝土表面与内部温差不宜超过 __D__ ℃。

A. 10　　　　B. 15　　　　C. 20　　　　D. 25

8. 混凝土中凡粒径为 __B__ mm的骨料称为细骨料。

A. 0.2~5　　B. 0.15~5　　C. 0.2~6　　D. 0.15~7

9. 超过 __C__ 的水泥,即为过期水泥,使用时必须重新确定其标号。

A. 30天　　　B. 60天　　　C. 90天　　　D. 180天

10. 常温下混凝土的自然养护时间一般不少于 __B__ 。

A. 24h　　　B. 7d　　　C. 12h　　　D. 28d

11. 当柱高不超过 __D__ m,柱断面大于40cm×40cm,但又无交叉箍筋时,混凝土可由柱模顶部直接倒入。

A. 1. 5　　　　　B. 2　　　　　C. 2. 5　　　　　D. 3

12. 现浇混凝土悬臂构件跨度大于 2m,拆模强度须达到设计强度标准值的　D　。

A. 50%　　　　B. 75%　　　　C. 85%　　　　D. 100%

13. 混凝土柱的施工缝应设置在基础表面和梁底下部　A　。

A. 2~3cm　　B. 4~5cm　　C. 5~8cm　　　D. 8~10cm

14. 浇筑有主次梁的肋形楼板时,混凝土施工缝宜留在　C　。

A. 主梁跨中 1/3 的范围内　　　B. 主梁边跨 1/3 的范围内

C. 次梁跨中 1/3 的范围内　　　D. 次梁边跨 1/3 的范围内

15. 混凝土垫层的砂子一般宜采用　C　。

A. 细砂　　　　　　　　　　　B. 细砂或中砂

C. 中砂或粗砂　　　　　　　　D. 粗砂或细砂

16. 采用浇水养护时,在已浇筑混凝土强度达到　C　以后,方可允许操作人员行走及安装模板及支架等。

A. 1. 0N/mm^2　　　　　　　　　B. 1. 1N/mm^2

C. 1. 2N/mm^2　　　　　　　　　D. 1. 3N/mm^2

17. 为保证上下层混凝土结合处的密实度,振动器的棒头在分层浇筑时应伸入下层混凝土内　D　。

A. 5cm　　　　　B. 5~8cm　　　C. 7cm　　　　D. 5~10cm

18. 国家标准规定,水泥的初凝时间,不得早于　A　。

A. 45min　　　　B. 60min　　　C. 50min　　　D. 90min

19. 室内正常环境下钢筋混凝土梁的保护层应为　B　。

A. 15mm　　　　B. 25mm　　　C. 35mm　　　D. 40mm

20. 施工缝处混凝土表面强度达到　B　以上时,才允许继续浇筑混凝土。

A. 1. 2kN/mm^2　　　　　　　　B. 1. 2N/mm^2

C. 1. 2kg/mm^2　　　　　　　　D. 1. 2g/mm^2

四、问答题(5 题,30%)

1. 什么是钢筋的保护层?

答:为了不使钢筋在大气环境中生锈腐蚀,并保证混凝土和钢筋紧密黏结在一起,在建筑构件布置钢筋部位的上、下部和两侧,混凝土都有一定的厚度或留有薄层的混凝土,称为保护层。

2. 混凝土振捣不实有什么危害?

答:混凝土振捣不实对构件的危害有振捣不实将使构件的强度降低,增大混凝土的收缩和裂缝,出现麻面、蜂窝、孔洞、露筋等现象,同时降低混凝土的抗渗性、抗腐蚀性及抗风化性,甚至使构件不能满足使用要求造成破坏。

3. 使用插入式振动器操作时,为什么要做到快插慢拔?

答:插入式振动器操作时,应做到"快插慢拔",快插是为了防止表面混凝土先振实而下面混凝土发生分层、离析现象;慢拔是为了使混凝土能填满振捣棒抽出时造成的孔洞。振动器插入混凝土后应上下抽动,抽动幅度为5~10cm,以保证混凝土振捣密实。

4. 为什么要留置施工缝?

答:混凝土初凝以后,不能立即在上面继续灌新的混凝土,否则在振捣新浇灌的混凝土时,就会破坏原已初凝混凝土的内部结构,影响新旧混凝土之间的结合,由于混凝土浇筑量一般都较大,不能一次浇捣完毕,需要中途停歇(超过 2h),因此要留置施工缝,一般要在已浇筑的混凝土抗压强度达到 1.2MPa(12kg/cm²)以后,才允许继续浇灌。

5. 混凝土构件出现蜂窝后如何进行修补?

答:(1)对于小蜂窝,可先用清水冲洗干净并充分湿润,然后用 1:2 ~1:2.5 水泥砂浆修补抹平。

(2)对于大蜂窝,应先将蜂窝处松动的石子和凸出颗粒剔除,尽量凿成外大内小的喇叭口,然后用清水冲洗干净并充分湿润,再用高一级强度等级的细石混凝土填补、捣实并认真养护。

参 考 文 献

[1] 中华人民共和国住房和城乡建设部. 建筑工程施工职业技能标准(JGJ/T 314—2016)[S]. 北京:中国建筑工业出版社,2016.

[2] 中华人民共和国住房和城乡建设部. 建筑装饰装修职业技能标准(JGJ/T 315—2016)[S]. 北京:中国建筑工业出版社,2016.

[3] 中华人民共和国住房和城乡建设部. 建筑工程安装职业技能标准(JGJ/T 306—2016)[S]. 北京:中国建筑工业出版社,2016.

[4] 中华人民共和国住房和城乡建设部. 混凝土泵送施工技术规程(JGJ/T 10—2011)[S]. 北京:中国建筑工业出版社,2011.

[5] 中华人民共和国住房和城乡建设部,中华人民共和国国家质量监督检验检疫总局. 混凝土结构工程施工质量验收规范(GB 50204—2015)[S]. 北京:中国建筑工业出版社,2015.

[6] 中华人民共和国住房和城乡建设部,中华人民共和国国家质量监督检验检疫总局. 大体积混凝土施工规范(GB 50496—2009)[S]. 北京:中国建筑工业出版社,2009.

[7] 中华人民共和国住房和城乡建设部,中华人民共和国国家质量监督检验检疫总局. 混凝土结构工程施工规范(GB 50666—2011)[S]. 北京:中国建筑工业出版社,2012.

[8] 中华人民共和国住房和城乡建设部,中华人民共和国国家质量监督检验检疫总局. 建筑施工安全技术统一规范(GB 50870—2013)[S]. 北京:中国建筑工业出版社,2014.

[9] 建设部干部学院. 混凝土工.[M]. 武汉:华中科技大学出版社,2009.

[10] 建筑工人职业技能培训教材编委会. 混凝土工[M]. 2 版. 北京:中国建筑工业出版社,2015.

[11] 住房和城乡建设部人事. 混凝土工[M]. 2 版. 北京:中国建筑工业出版社,2011.